大日本山梨葡萄酒会社論攷

小野正文

東京図書出版

はじめに

本書は山梨県甲州市のブドウ栽培及びワイン醸造資料の整備を進めるなかで、日ごろメモ書きをしておいたものをまとめたものである。資料の保存を進めるなかで、最近では活用が多く求められている。しかしながら、資料を読み込まなければ、なかなか事実の把握が出来ず、活用までには至らないのである。

ワイン史の研究は上野晴朗氏の『山梨のワイン発達史』があり、氏がこの本を執筆中に、ワインのことを熱く語っていたが、当時の我々はまさに馬耳東風であった。

古文書にも近代史にも全くの門外漢の筆者が、退職後に甲州市に奉職することになり、宮光園の整備事業やワイン醸造資料に触れて、折々まとめてきた。資料の整備中に京都大学の有木純善先生が解読された『明治十年仝十一年往復記録』の原稿をメルシャンワイン資料館長の上野昇氏のご協力により発見して、有木先生のご理解を得て、発刊することができた。この時以来資料の重要性とそれを広く公開する意義を痛感した次第である。

日本最初の民間ワイン会社である大日本山梨葡萄酒会社については、山梨県立博物館に関係資料一括が収蔵され、上野晴朗氏や麻井宇介氏が研究成果をまとめた時点とは、比べ物にならないくらい飛躍的に資料が増加した。また甲州市により、宮光園整備事業の一環として、資料整備が進められて、膨大な資料が蓄積された。

本書は、この膨大な資料から見たワイン史であり、出版にはふさわしくないデータの集積も掲載し、一般の概説書等とは違う部分もあるが、資料の保存と活用を強く主張している者の見方である。

筆者の願いとしては、資料集の刊行であるが、これには膨大な時間と経費が必要なので、自分なりに資料を探す手間を省くべく、まとめた次第である。大日本山梨葡萄酒会社の基礎資料である設立年月日、所在地、株主、資本金、規則、役員などをやや紙数を取るが掲載した。

もともと筆者は考古学を専攻し、縄文時代の土器・土偶の研究をしてきたところである。考古学は次々と若い研究者が現れ、論文や調査報告が頻繁に発表される。最新の情報から遠ざかっていると、いつの間にか批判されていることがある。論文で批判されることは、非常に健全な姿だと思って、感謝している。それに引き替え、地場産業であるブドウやワインに関する論考は殆ど目にすることはない。このような状況を憂えて、資料をまとめた次第である。

本書をまとめるにあたり、髙野正興家、山梨県立博物館、メルシャンワイン資料館、鈴渓資料館、甲州市教育委員会、勝沼図書館にお世話になった。記して感謝申し上げる。

二〇二五年春

例言

1　本書は甲州市がブドウ栽培及びワイン醸造資料の整備を進めている過程で、折々にメモ書きしたものをまとめたものである。

2　市指定文化財旧宮崎葡萄酒醸造所施設（宮光園）、ぶどうの国文化館、山梨県立博物館、メルシャンワイン資料館、髙野家等で保管されている資料を活用し、その出典を明記した。

3　県立博物館の葡萄酒会社関係資料一括は（歴2005-072-000026）のような表記であるが、（歴００２６）と略表記する。

4　宮光園資料は（Ｍ０００６）のように記述する。

5　勝沼町保管文書は（Ｋ－００３）のように表記する。

6　『山梨のワイン発達史』、『日本ワイン・誕生と揺籃時代』、『明治十年全十一年往復記録』や著名な図書は註を省いた部分がある。

7　年号は明治十年十月十日のように、漢数字表記とする。

8　金額や酒量は一二六円五三銭五厘のように、単位を入れて表記。

9　アルコール濃度などは必要に応じてアラビア数字を使用する。

10　文中の参考文献は、上野（一九七七）と表記する。

11　文中の人名については、大正時代以前の方は敬称を略した。

12　スウイトワインについては、さまざまな表記があり、統一していない。

大日本山梨葡萄酒会社論攷 目次

第一章

葡萄伝説

1　雨宮勘解由伝説

伝説の概要

そもそもこの伝説は明治十四年の福羽逸人の『甲州葡萄栽培法上巻(1)』に収録されたもので、短い文章の中に、たくさんのことが盛り込まれているので、箇条書きにして、なるべく要点を見出して、ここに分析していきたい。

①文治二年（一一八六）三月二十七日、雨宮勘解由、路の傍に蔓性植物を発見（城の平の葡萄始生の地雨宮家が栽培の首祖）。城正寺の家園に移す。
②建久元年（一一九〇）四、五月ごろ初めて三〇穂、八月下旬に見事な房ができて、里人が羨んだ。
③建久八年（一一九七）一三株となる。同九月十五日信濃善光寺に参詣する源頼朝に三籠（一籠に三〇房）を献上。
④天文十八年（一五四九）武田信玄に献上し、佩刀一口を賜る。
⑤慶長六年（一六〇一）徳川家康の検地に葡萄樹木一六四本。
⑥元和の始め（一六一五～一六一七）頃、甲斐徳本が棚作りを勧める。
⑦正徳六年（一七一六）松平甲斐守（柳沢吉里）の検地、祝村の葡萄畑一五町三反九畝二七歩、勝沼の葡萄畑五町四畝一六歩。

⑧明和八年（一七七一）雨宮栄吉、岩崎村から葡萄の苗四本を手に入れて市川大門に広める。
⑨安永年間（一七七二〜一七八〇）羽黒村、山宮村に葡萄が広がる。
⑩其の後葡萄苗を山宮村から長禅寺の山地に移す。
⑪そこから、横根村に葡萄苗を移す。

となる。①から④までは他に史料はなく、論証ができないが、③は『吾妻鏡』[2]には記述がない。④はすでに指摘はあるが、中世の文書の写しではない、全く新しい表記法である。

ただし、⑤の徳川家康の検地に葡萄苗一六四本は、果樹は基本的に本数で数えるのを基本とするので、ある程度時代性を反映している。なお、すでに指摘もあるが、雨宮家が保存する慶長検地帳には一切葡萄の記述はないが、欠本もあるので多少の可能性は残る。⑦以降は、史実を反映しており、⑦は他の史料からも裏付けられる。⑧以降は全くの史実の反映だと思われる。この部分が最も重要で、岩崎・勝沼以外に葡萄産地が拡大したのであり、名産地である岩崎・勝沼のブランドの低下があり、独占的に葡萄を販売してきた地位が失われるという危機感を反映している。

❐雨宮家について

『雨宮家家譜控』[3]に「当先祖志摩守信濃国雨宮郷ニ居住ス地名ヲ名乗リ、後代ニ甲斐国ノ武田江信濃一族一同属シ居リ、甲州江被移サ、雨宮志摩守ハ同国岩崎ノ上ノ郷、弟摂津守ハ末木村ニ数代居住ス」とある。信玄の時代に信州から甲斐に移住されたとある。ただし、同族の雨宮氏の記述は『菊隠録』[4]に明応九年（一五〇〇）雨宮摂津守家国は末木村に居住、その子雨宮尾張守国政は永正十五年（一五一八）に万力郷に居住とある。武田信縄の時代に雨宮氏は末木村と万力村に居住していたことが解る。

瑞光山長昌寺の『大般若経』[5]に明応六年（一四九七）「甲州山梨県一宮庄塩田郷傘木村居住奉三宝弟子源朝臣雨宮家国謹書写」とある。『甲斐国志』[6]にある雨宮氏宅跡は東西三町南北二町半の宅跡とある。規模の大きな宅跡である。

史料的には岩崎の雨宮氏はないのであるが、同族の雨宮氏が明応年間に存在したことから、ほぼ同時期に岩崎に居住していた可能性があり、文治二年まで遡る資料の発見を待つばかりである。

註

1　福羽逸人（一八八一）『甲州葡萄栽培法上巻』上巻とあるが下巻はない。
2　黒板勝美編（一九七二）國史大系『吾妻鏡』第二
3　勝沼町教育委員会古文書調査資料『小丸山百観音』と『雨宮家家譜控』を上野晴朗氏が調査している。甲州市教育委員会保管
4　広瀬廣一校訂（一九三五）『菊隠録』『甲斐叢書八』所収
5　山梨県（二〇〇一）『山梨県史資料編6』
6　佐藤八郎校訂（一九六二）『甲斐国志』大日本地誌大系㊽

2 雨宮勘解由伝説を追う

❐石尊宮の祭り

雨宮勘解由伝説を記録した『甲州葡萄栽培法上巻』に「毎年三月二十七日ヲ以テ之ヲ祭ル」とある。祭礼の日が旧暦の三月二十七日で、現代の暦に直せば四月十九日頃となる。

甲州市勝沼町上岩崎の雨宮家は雨宮勘解由の御子孫の家柄である。その家の文書が雨宮靖子家文書として『勝沼町史料集成』[1]に収録されている。その中の『宝暦十一年巳八月　日記』を見ると、ここには石尊宮の祭礼に関する一切の記述がない。先祖の雨宮勘解由が葡萄を発見した契機となった重大な祭礼に関する一切の記述がないのは不思議なことである。また『勝沼古事記』[2]は大善寺之祭礼や信玄公、勝頼公の祭礼について触れているので、「遠近ノ里人群賽セリ」ならば、触れてもおかしくないが、日川を挟んだ祝村の祭礼なので省いたのであろうか。

ところが、『勝沼古事記』明和八年（一七七一）の項目に、「大日照裏ノ田迄干損去年ヨリモ大テリ村々ニ而雨乞仕候北ノ村々ハ大滝山江登ル南ノ村々ハ岩崎山江登ル紙ノ登リ数百本百三十三日無雨……」とある。すると、上岩崎村の人々は、雨乞いのため岩崎山（標高一〇一四メートル）に登ったのであり、これは茶臼山より東の大月市よりの山である。

何故か大龍王の碑ある茶臼山には登っていない。これもいつの時代か、水の神が岩崎山から茶臼山に移されたのであろうか。

❒城の平とは

雨宮勘解由伝説は殊に著名であるが、伝説にある「石尊宮の祠」はいったいどこにあるのか、なかなか説明がない。城の平の石尊宮の祠は「城の平」という言葉から山中の比較的平らな土地というイメージを持ちがちだが、現状の「大龍王」碑は茶臼山城跡の平らな部分であることを意味している。単郭の狼煙台の平らな部分が「城の平」なのである。であるから、音読みではなく訓読みにすれば、「しろのたいら」として意味が通じやすい。

石尊であるので、水の神という見当は付く。「石尊宮の祠」を移転後にそこに「大龍王」碑を建てたのは、龍もまた水の神だからである。この「大龍王」碑は昭和四年四月二十一日に建立されているので、昭和四年までは、城の平で祭りが行われたと推定される。

そもそも文治二年は鎌倉時代であり、城の平は茶臼山の狼煙台をさすものと思われるので、鎌倉時代にはこの狼煙台はなかったのではないか。おそらく戦国時代に築かれたものではなかろうか。

❒移転

その後、『勝沼町誌』にある「石尊山由来（上岩崎）」には「以前遠い城の平の大龍さんにあつた石尊大権現を、霊験あらたかなる故近い所へ御移し申し……」とあるので、城の平から移転したことが判明する。「城の平の大龍さん」ともあり、石尊大権現とともに大龍さんとも称していたと思われる。また「大龍王」の碑は昭和四年四月二十一日に建立されているので、この年月日が移転の日であり、「大龍王」の碑設置の日であろう。また旧暦の三月二十七日に近い日を選んだのであろう。

また、昭和三十七年に『勝沼町誌』は刊行され、この時すでに「元石尊大権現の祠」と表記し、室戸台風で倒壊したとある。室戸台風は昭和九年九月二十一日に室戸岬付近に上陸しているので、山梨県へは一、二日後に被害をもたらしたものと思われる。

すると、昭和四年に移転して昭和九年には倒壊して、その後おそらく昭和大恐慌の影響で再建されないまま、祭りも忘れ去られたと考えたが、国土地理院の地図の変遷を見ると、昭和五十三年十月三十日刊行の地図には「石尊山」の表記のみで、昭和三十一年十一月三十日刊行の同地図には「石尊山」と鳥居のマークがあるので、昭和三十一年から昭和五十三年の間に鳥居のマークが消されたことは、社殿が無くなったと推定される。だとすれば、室戸台風は第二室戸台風で昭和三十六年九月十七日に社殿は倒壊したと推定される。ちょうど「石尊山由来（上岩崎）」を書いた佐藤正勝翁が原稿を執筆中のことであったと推定される。

❐其路の傍

『甲州葡萄栽培法上巻』によれば、旧暦の三月二十七日の祭りに近郷から大勢の人々がお参りに来ている様子が窺われるが、この人々はどのルートを通って、石尊宮にお参りしたのであろうか。「偶其路ノ傍ニ一種自生ノ蔓性植物アルヲ発見シ……」とあるので、登山道である参道の傍らで自生の蔓植物を発見しているのである。

上岩崎地区から茶臼山の単純なコースは石尊山に登り、尾根づたいに茶臼山に至るルートが最短である。石尊山まではつづら折りの登山道があり、石尊山山頂からは尾根づたいに登っていけば目的地に着ける。

ただし、上岩崎村の村絵図はいずれも、山への道は谷沿いを遡るように描かれている。これから推定すれば、徳岩院の南の随音橋を渡らず、そのまま川沿いを上るコースが考えられる。

さらに、『甲斐国志』古蹟部の「岩崎氏館」の項に「入会山ニ城ト云処アリ上岩崎村ヨリ壱里三町矢ノ根峠ト云処ヨリ阪路アリ最高峰ニ峰火台ノ址存ス茶臼山トモ呼フ」とある。この「矢の根峠」を越えて、坂道を「城の平」に向かうのである。文化四年（一八〇七）の古絵図には徳岩院の南の沢を遡った山に「矢能根峠居村ち拾六丁余」とある。

おそらく、岩徳院の南の沢を登るコースが、この矢の（能）根峠へ至るものと推定される。

❐石尊山の石尊宮の祠

石尊山山頂には「石尊大権現の祠」は今はない。ただ、北面と西面に石積があり、上段の石積のコーナー部分は石段かとも思われる。このコーナー付近に瓦が散乱しており、木造の祠があったと推定される。軒平瓦の先端面には「祝」の文字が陽刻されたものが数点見つかっているが、その平面は一般的な唐草紋で、特別な文字等は認められない。瓦の全量が分からないので、建物の規模は推定しようがない。土台石ないし礎石のようなものを探したが、発見できなかった。

この石尊山は石尊宮の祠を移転した後から石尊山と呼ばれるようになったのか、そもそも移転以前にも何らかの祠等があったのかは不明である。

『勝沼町誌』にある「石尊山由来（上岩崎）」では、城の平から移転した「石尊大権現の祠」があったと理解される。勝沼町時代の都市計画図にある石薬神社があったとすれば、一概に瓦が石尊宮の祠のものか、石薬神社のものかは判断が難しい。残念ながら、石薬神社については、資料が全くなく、社殿があったかも不明であるが、石尊大権現の祠は存在していたので、瓦はこの宮のものである可能性が高い。

❐石尊山の変遷

国土地理院の昭和五十三年三月三十日刊行の甲府五万分の一の地図は、「石尊山」で鳥居のマークはない。昭和三十五年八月三十日刊行の同地図には鳥居のマークのみで文字表記はない。また石和二万五〇〇〇分の一の平成十八年十二月一日刊行の地図には「石尊山」の表記のみ、昭和五十三年十月三十日刊行の地図には「石尊山」の表記のみで、昭和三十一年十一月三十日刊行の同地図には「石尊山」と鳥居のマークがある。

昭和五十五年頃の勝沼町の都市計画図では石薬神社と表記し、平成九年の昭文社の『クイックマップル山梨』でも石薬神社の表記がある。すると、ここには石薬神社が鎮座していたことになる。

神社とすれば石尊神社でなければならないが、享保九年の村明細にもない。また、城の平の石尊宮は除地とするほどの広さもなく、山年貢の範囲で殊に除地とするほどでもないと思われ、これも村明細にはない。

あるいは、石薬神社はミスプリントの可能性もある。

❐勝沼の山と山葡萄

明治十二年、大日本山梨葡萄酒会社はフランスから帰国した髙野正誠・土屋助次朗の指導のもと、葡萄酒の醸造を開始する。この時、赤葡萄酒用の原料の西洋葡萄はまだ成熟していなかったので、山葡萄で紫葡萄酒を醸造する。

甲府の山田宥教・詫間憲久が明治七年から醸造を開始する。明治七年の記録が『甲府新聞』[3]にある。白葡萄酒は勝沼産の葡萄で、赤葡萄酒は山エビと大エビを使っている。山エビとは『本朝食鑑』[4]にいう蘡薁（エビズル）のことで、江戸時代の葡萄酒造りでは上品とされる。ただこの年は不熟で醸造していない。どちらも山葡萄と言われることもあり、なかなか区分は難しい。
　ここ数年来、勝沼の山でヤマブドウを探しているが、不思議なことに現在に至るまで、ヤマブドウを見つけられていない。過日、石尊山の周辺を半日近く探査したが、サルナシは見たがヤマブドウはついに発見できなかった。また勝沼町内の山では未だにエビズルに出合っていない。

註

1　勝沼町（一九七三）『勝沼町史料集成』
2　『勝沼古事記』は『勝沼町史料集成』（一九七三）に収録されている。
3　『甲府新聞』明治八年二月十日付
4　人見必大（一六九七〈元禄十年〉）『本朝食鑑』

3 大善寺伝説

大善寺伝説では、行基が諸国をめぐる中で、柏尾の地で修行していたところ、満願の日に忽然として薬師如来が右手に葡萄、左手に宝印を持った姿で現れ、行基はその姿を彫って、一寺を建立した。それが大善寺である。

仏典の中の覚禅鈔第一薬師法十九薬師像の中に「呼迦陀野軌云　薬師仏坐宝蓮花座　其形金色為瑟相也　左手取宝印置花膝上　右手取葡萄　葡萄諸病悉除之法薬也」とあることから、これを根拠とした伝説で、仏教説話の域を超えている。

さて、文献上いつから、大善寺と葡萄の記述が現れるのであろうか。

『廻国雑記』[1]は文明十八年（一四八六）から同十九年（一四八七）にかけて、聖護院門跡道興准后によって行われた廻国修行の旅の記で、

かしをと云へる山寺に一宿し侍りければ、彼の住持の曰く、後の世のため一首を残し侍るべきよし、頻りに申し侍りければ、立ちながら口にまかせて申し遣はしける。かし尾と俗語に申習し侍れども、柏尾山にて侍るとならむ。

かげたのむ岩もと柏おのづからひと夜仮寝に手折りてぞしく

道興准后が宿泊したのであれば、本尊の薬師如来には、おそらく参拝したとは思われるが、特に書き留める

こともなかったようである。

宗久法師の『都のつと』[2]では、天目山栖雲寺に関する記述はあるが、大善寺には立ち寄らなかったのであろうか。

『甲州噺』[3]享保十七年（一七三二）では佐藤信忠など特に注目されるものを取り上げている。後に『勝沼町誌』などでは父親の「佐藤信重」になってしまっているが、甲州の不思議なことばかりを書き留めている書物に葡萄を持つ薬師如来や秘仏については、一切記述がないのも妙である。文化十一年成立の『甲斐国志』は行基が開いた寺という記述はあるが、葡萄に関する記述はない。

さて、明治になり、三十七年（一九〇四）四月に出版された銅版画『日本寺社名鑑』[4]にも行基が薬師如来を彫刻して一寺を建てたという記述はあるが、葡萄に関する記述はない。

大正五年（一九一六）刊行の『東山梨郡誌』[5]には「又陰暦七月十四日の夜施工する鳥居焼は、勝沼町の名産たる葡萄並に稲穂の害蟲退治の祭にして……」とあり、初めて大善寺と葡萄が結びつくが、薬師如来とは結びつかない。

開創伝説に、葡萄が登場してくるのは昭和時代に入ってからのことである。

昭和十一年（一九三六）の『山梨綜合郷土研究』[6]では写真も添えられ、左手に葡萄を持っている。

昭和十七年（一九四二）の『甲州勝沼葡萄沿革』[7]では、

　忽然として薬師如来が此の巖上に現れたが、此の薬師如来は金色に粲き、右手に葡萄を持ち、左手に寶印を携へて居つたと言ふ、行基はこの靈感に従ひ山に上り、欅の大樹を切りこの如来の像を刻んで一寺を建立した。これが大善寺であり、此の薬師如来は国宝に指定されたもので、気品真に高き傑作なりと称される。

とある。ここでは明確に行基が霊感に従って葡萄を持った薬師如来を彫り、大善寺を建立したことが書かれている。

次に昭和二十八年（一九五三）の『山梨文化大観[8]』では行基が右手に葡萄を手にした薬師如来を霊感して、彫刻したという現代に受け継がれている伝説となる。

大正五年に大善寺の鳥居焼きと葡萄が結びつき、昭和に入ってから大善寺本尊が葡萄を手にする薬師如来として認識されるようになったことが窺われる。

昭和三十七年の『勝沼町誌』では大善寺伝説も取り上げ、現在の大善寺本尊の薬師如来とは直接結びつかないが、かつては右手に葡萄を持っていたこともあったことを記述し、この伝説は一概に切り捨てられないものと結んでいる。

註

1 聖護院道興（一四八七）ころ『廻国雑記』『甲斐志料集成』三（一九三三）所収
2 宗久法師（一三六七〈貞治六年〉）『都のつと』『山梨県史資料編6』所収
3 村上諒（一七三二〈享保十七年〉）『甲州噺』、『甲斐叢書二』（昭和八年）所収
4 北村徹編（一九〇四）『日本寺社名鑑』
5 山梨教育会東山梨支会（一九一六）『東山梨郡誌』
6 山梨県師範学校・山梨県女子師範学校（一九三六）『山梨綜合郷土研究』
7 勝沼町農会（一九四二）『甲州勝沼葡萄沿革』
8 佐野世夫編（一九五三）『山梨文化大観』大観山梨観光

4 『勝沼町誌』伝説の評価

『勝沼町誌』６１５〜６１６頁では雨宮勘解由伝説について、

また今の処、ほかには福羽氏の葡萄伝説以前にさかのぼり得る確かな資料は見当らないが、たとえば伝説等を多く採用している『裏見寒話』『甲斐名勝志』も、『甲斐叢記』も、或は『甲斐国志』等も、この伝説をまつたく採つてないところを見ると、明治に入つて福羽氏が雨宮家に伝わる葡萄伝説を、そのまま々文章化し、定説化するもとをつくつたもののようである。

と記述している。そうした紀行文等を挙げておく[1]。

また大善寺伝説について、６２４頁、

また大善寺中の古い記録中にも、元正天皇養老二年に行基が薬師を刻み大善寺を興したとはあつても、葡萄に結びつくと思われる記録は一つも見当らないのである。

と記述しながら、また一方では、三枝守国伝説と葡萄を結び付けようとする記述も見られる。６２９頁では、

かくて初期甲州葡萄の生立は、諸種の資料によつて仏教と薬師信仰によつて平安時代ころ甲州にもたらさ

れ、たまたま適地として栽培技術が存続され江戸時代に至つてその名声を博したものであるといえよう。

と結論づけている。

原田信男氏は「江戸のブドウとブドウ酒[2]」のなかで、捏造という厳しい批判を加えているが、氏も言うように雨宮勘解由伝説は、江戸時代から葡萄を栽培していた上岩崎の上層農民が明治時代の時代の大転換期に、旧来の権益が失われるなかで、ブランド力を付けるために、葡萄起源伝説を創作したと思われる。最初の文治二年のみが強調されるが、最後まで読めば、葡萄栽培がいかに拡散してきたかが理解できるのである。つまり葡萄栽培が勝沼・岩崎の独占状態が崩壊してきた様子を記述しているのである。また、大善寺伝説は、昭和に入るまで大善寺の縁起には登場しない。行基菩薩開創伝説に、葡萄が登場してくるのは昭和時代に入ってからのことである。

写真に見られるのは昭和十一年の『山梨綜合郷土研究[3]』で左手に葡萄を持っている。次に昭和二十八年の『山梨文化大観[4]』では右手に葡萄を持ち、行基が葡萄を手にした薬師如来を霊感して、彫刻したという現代に受け継がれている伝説となる。一升壜のワインが昭和大恐慌を経験するなかで誕生したように、危機的状況に遭遇して、やはりブランド力を高めるために、創作されたものと思われる。

葡萄伝説が歴史的には、新しいものであっても、何ら問題はないのである。地域の人々が、葡萄栽培を生業として、いかにブランド力を高めるかという視点に立てば、歴史上の出来事として物語を創作することは、むしろほほえましいものである。

とくに、文明十八年から十九年（一四八六〜一四八七）にかけて甲斐を旅した聖護院道興は、『廻国雑記』を著した。その折大善寺に滞在し、時の住職から一首求められているので、十分に大善寺の由来について聞き及んだと推定されるが、葡萄に関する記述はない。

歴史は事実の積み重ねであるが、事実とは別に人間社会は神話や伝説の上に成立しているのもまた事実であり、そうしたレガシーを創作しようとする行動はいつでも見られる。

まず、『延喜式』に葡萄はない、甲斐の名産品ならば貢物として載るべきものであるが、甲斐国は青梨子である。その後文献には一切登場しない。『甲陽軍鑑』に「じゅもくやく」があるが、これは柿の可能性が高い。現在においてブドウは戦国時代の宣教師の記録以上には遡らない。文献がない以上、考古学的発見に期待するしかない。いくつか発見を聴くが、調べようとすると植物遺存体は失われ、ＤＮＡの調査まで至っていない。しかしながら、伝説を裏付けるべく、発掘調査に期待を持ち続けたい。

実は勝沼は葡萄が有名であるが、伝説の町でもある。平将門や佐藤信重の墓もあり、聖徳太子、行基、日蓮、親鸞と日本史上の著名人がいずれも、勝沼を訪ねている。これを否定しては各寺院の存立がないのである。縁起として素直に理解すべき事柄である。

我々地域考古学研究者の使命は、大善寺伝説、雨宮勘解由伝説を裏付ける物的証拠である葡萄の種子を発掘調査で確実な地層から検出することである。

註

1　紀行文などは次の文献である。

野田成方（一七五二〈宝暦壬申〉）『裏見寒話』、『甲斐叢書三』（昭和八年）所収

萩原元克（一七八二〈天明二年〉）『甲斐名勝志』、『甲斐叢書三』（昭和八年）所収

大森快庵（一八四八〈嘉永元年〉）『甲斐叢記』、『甲斐叢書三』（昭和八年）所収

佐藤八郎校訂（一九六二）『甲斐国志』大日本地誌大系㊽

宗久法師（一三六七〈貞治六年〉）『都のつと』『山梨県史資料編6』所収

荻生徂徠（宝永年間）『風流使者記』、『甲斐叢書三』（昭和八年）所収

川村義昌訳註（一九七一）『風流使者記　峡中紀行』

仮名垣魯文作、一光斎芳盛画（一八五七〈安政４年〉）『甲州道中膝栗毛』

村上謀（一七三二〈享保十七年〉）『甲州噺』、『甲斐叢書二』（昭和八年）所収

2　原田信男（二〇〇八）「江戸のブドウとブドウ酒」、『酒史研究』第二四号

3　山梨県師範学校・山梨県女子師範学校（一九三六）『山梨綜合郷土研究』

4　佐野世夫編（一九五三）『山梨文化大観』大観山梨観光

第二章

葡萄酒

1　江戸時代のブドウ栽培地

日本におけるブドウの栽培は現在のところ、戦国時代の宣教師の記録を遡るものはない。『倭名類聚抄』にも『延喜式』にも記載されていない。

『勝沼町誌』はさすがに丹念に葡萄栽培地を拾いあげているが、僅か十二カ所に過ぎないので、その後いくつかの論文等に引用されている出典を挙げていくと、現在二十一カ所を挙げることができる。古い記録では『毛吹草』[1]『雍州府志』[2]『紀伊国続風土記』[3]等がある。関西方面では京都・大阪・紀伊に濃厚な分布が認められる。「大善寺伝説」から類推されるように、留学僧がブドウの種子を持ち帰った可能性がある。

次に宣教師の記録から長崎方面での葡萄栽培が窺われる。これは多くの外国人が渡来して、葡萄の繁殖を試みた可能性がある。ハリスの『日本滞在記』[4]には長崎から種無しブドウを送られ、金額までも記録している。江戸時代を通しての記録に欠けるが、長崎方面では栽培されていた可能性があると思われる。『毛吹草』は正保二年（一六四五）という江戸時代初期の記録であるので、前記の推定を裏付けるものと思われる。

『勝沼町誌』にならって日本地図に栽培地をプロットしたが、ハリスは滞在地の下田を散歩中にブドウを見かけている。ブドウは江戸時代には、日本全国に普及していたのではないかと思われる。ブドウの産地である勝沼ではブドウの挿木を販売しており、甲州街道の通行人が各地へ運んだ可能性もある。「雨宮勘解由伝説」の後半は、甲州におけるブドウ栽培地の拡大を物語っている。この時代ブドウの消費は生食用のみであったので、勝沼の問屋は既得権益を守るため、甲府周辺からの江戸への輸送を妨害している。よって、ワイン醸造が開始されるとともに、ブドウ不足に見舞われ、甲府方面からブドウを買い付けている。

日本各地でブドウは栽培されていたが、甲州や河内のような規模には至らずにいたものと思われ、それ故に地誌等に記されることも少なかったと思われる。

註

1　松江重頼（一六四五〈正保二年〉）『毛吹草』
2　黒川道祐（一六八六〈貞享三年〉）『雍州府志』
3　仁井田好古編（一八〇六〈文化三年〉）『紀伊国続風土記』
4　坂田精一訳『ハリス日本滞在記』中、岩波文庫の一八五六年十一月二十七日の項
　　間庭辰蔵（一九七六）『南蛮酒伝来史』柴田書店

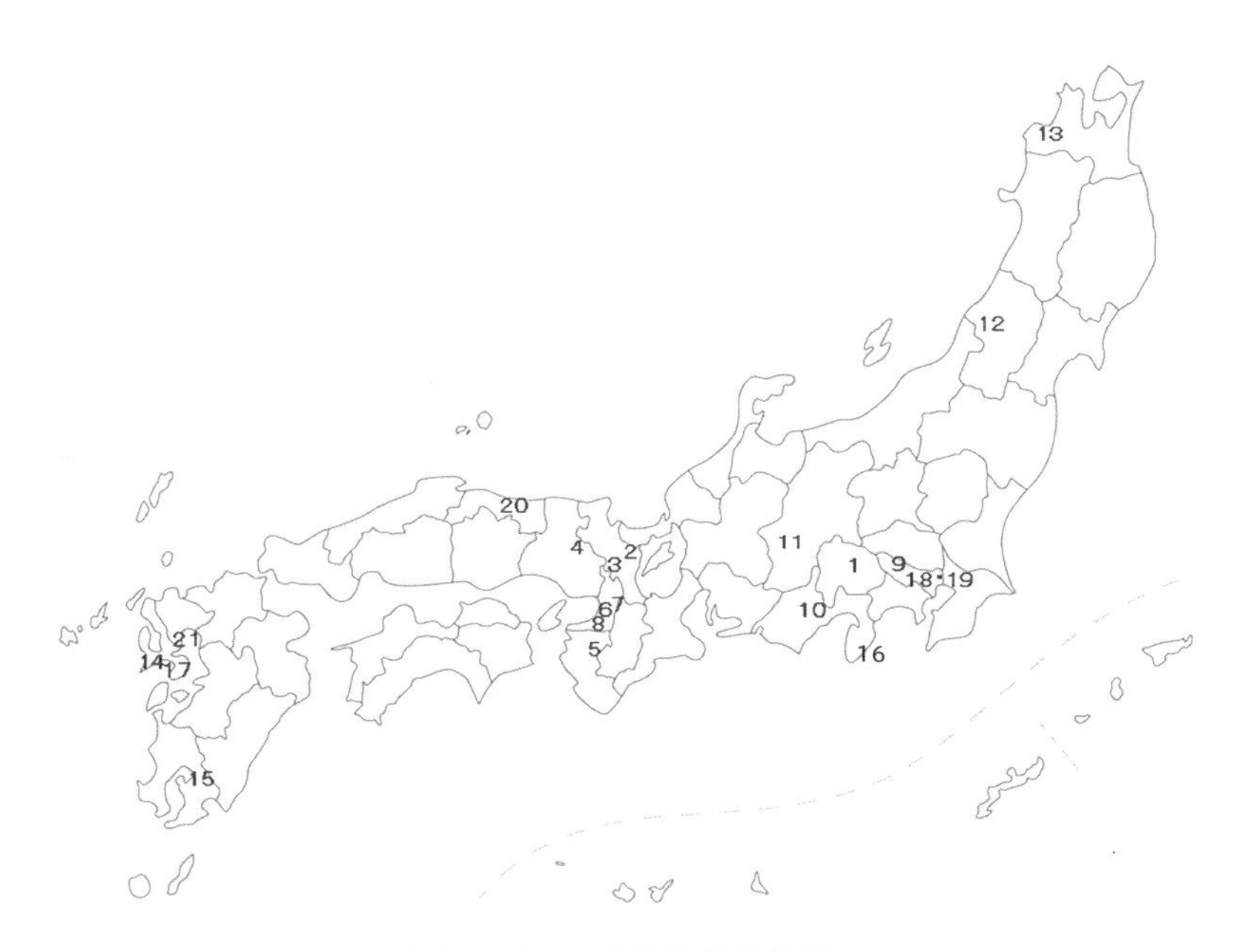

図１　江戸時代葡萄栽培地

表１　江戸時代の葡萄栽培地一覧

番号	産地	名称など	出典	初年
1	甲斐	葡萄	1692『本朝食鑑』	1692
2	嵯峨	聚楽葡萄	1645『毛吹草』1686『雍州府志』	1645
3	大宮	大宮葡萄	1645『毛吹草』1686『雍州府志』	1645
4	丹波		1686『雍州府志』	1684
5	紀伊高野領		1806『紀伊続風土記』	1806
6	河内		1801『河内名所図絵』	1801
7	河内道明寺村字沢田		1958「明治初期の勧農政策と葡萄」『歴史研究』3号	※1
8	河内堅下村		1948『果樹園芸学上巻』	※2
9	八王子		1692『本朝食鑑』	1692
10	駿河		1692『本朝食鑑』	1692
11	信濃		1805『木曽路名所図会』	1805
12	山形		1724ころ『実験葡萄栽培新説』	1724
13	弘前		1701『弘前・藤田葡萄園』年表	1701
14	長崎		1594『日本王国記』	1594
15	薩摩		1724『ひとりね』	1724
16	下田		1856『ハリス日本滞在記』	1856
17	九州（長崎か？）		1856『ハリス日本滞在記』	1856
18	江戸・神田	葡萄	1823『馬琴日記』	1823
19	江戸	葡萄	1859『公益国産考』	1859
20	伯耆	紫葡萄	1891『葡萄三説』	1891
21	肥前		1645『毛吹草』	1645

※１飯田文彌　1959「近世甲州葡萄の生産構造と流通（上）」　『甲斐史学』九号
　武部善人「明治初期の勧農政策と葡萄」『歴史研究』
※２飯田文彌　1960「近世甲州葡萄の生産構造と流通（上）」　『甲斐史学』九号
　菊池秋雄『果樹園芸学上巻』

2 葡萄酒について

1 はじめに

ワインを日本語で言えば葡萄酒である。ところが、ワインも葡萄酒も学術的に評価しようとするときは、この概念規定をはっきりさせてからではないと多くの誤解を生じることとなる。例えば、江戸時代に葡萄酒の記録があるからと言って、直ちにワイン醸造と喧伝するのはいかがなものであろうか。江戸時代に舶来品のワインはあるが、多くの葡萄酒は清酒ないし焼酎に葡萄のエキスを入れたものであるし、ホットワインは、ワインにジンや果汁や香料を入れたもので、何ら疑問を感じることなくワインと呼んでいる。

醗酵の記録があるのか、なくとも醗酵を想定できるだけの記録があるのか。保存がどの程度のものだったのかを吟味する必要がある。縄文時代の酒や『日本書記』の「衆果の酒」ではほとんどは保存できない。そこで、次のように分類する。

①葡萄で造った酒（葡萄果汁を醗酵させて酒にしたもの）
②葡萄を使った酒（清酒、焼酎などに葡萄汁を入れたもの[1]）
③葡萄酒及び残滓を蒸留した酒（火酒、葡萄焼酎などで香料等を加えないもの）
④葡萄酒を使った酒（葡萄酒にブランデーや薬味、甘味、香料などを加えたもの）
⑤③を使った酒（スウイトワインなど）

①は基本的に葡萄液を醗酵させるもので、時として麹や火酒または砂糖を加えることもあるが、葡萄の糖分を醗酵させてアルコールを醸成するものである。
②は葡萄を使った酒で、江戸時代の十返舎一九の『手造酒法』[2]の葡萄酒・山ぶどう酒にあたり、基本的に醗酵を必要としない。山ぶどう酒は醗酵しているようにも読めるが、②の範疇である。一般的に言う梅酒や梨酒の類である。スウイトワインもこの分類に入る。
③葡萄酒や葡萄酒の搾り滓及び沈殿した残滓を蒸留して、アルコール分を抽出したもので、しばしば「火酒」「葡萄焼酎」とも表記される。
④①の葡萄酒を使った酒も○○ワインと呼ばれるが、学術的には分離すべきである。いわゆる混成酒で、日本初の民間葡萄酒醸造会社の大日本山梨葡萄酒会社[3]の後を引き継いだ宮崎光太郎と父市左衛門[4]が最初に出した葡萄酒のコロンボ酒と帝國甘味葡萄酒もみなこの類である。
⑤は葡萄に視点を置けば、スウイトワインは②であり、③に視点を置けば、⑤となる。

明治時代の急速な西欧化のなかで、日本人の嗜好や食生活にあった葡萄酒は①の葡萄酒ではなく、④⑤の葡萄酒だったのである。

2　高級贈答品としての葡萄酒

江戸時代の葡萄酒で最も注目すべきは、尾張徳川藩の『事蹟録』正保元年八月二日（一六四四）の記事[5]である。「殿様御道中ニテ酒井讃岐守殿ヨリ日本制之葡萄酒被指上之　御書留」である。尾張の殿様が参勤交代で帰藩中に大老の酒井讃岐守忠勝から「日本制葡萄酒」を贈られている。また、『徳川実紀』[6]正保元年

（一六四四）八月三日に、「将軍継嗣家綱が四歳の誕生日と正二位の祝この御祝として水戸藩主徳川頼房卿より、二種二荷さゝげられ、若君へ盃台、杉重、肴二種、樽二荷と葡萄一枝奉らる」とある。この記事は、樽に葡萄酒とは書かれていないが、葡萄一枝を添えたなら、中身は葡萄酒を暗示される洒落である。酒井讃岐守贈答樽のように書かれた記事は津軽藩の記録にある。『津軽史』一五巻[7]に元禄五年（一六九二）「津軽藩が領内を通過する松前志摩守に葡萄酒一樽の御進物」とある。これは、上層武士の高級贈答品として、葡萄酒が大きな価値を持っていたからである。

『仙台物産沿革』山田揆一『仙台叢書』別集第二巻[8]、昭和元年によれば、伊達政宗は慶長十三年（一六〇八）から葡萄酒等を造らせている。宮城県酒造組合の昭和五十三年二月二十六日の「仙台藩御用酒発祥の地」の碑には、『仙台叢書』をもとに、

仙台藩祖伊達政宗公は慶長十三年（一六〇八）柳生但馬守宗矩の仲介により大和の榧森の又五郎を仙台に召下し、（中略）榧森家は初代又五郎より十二代孝蔵に至るまで仙台城御酒御用を務め、その醸造する酒は夏氷酒、忍冬酒、桑酒、葡萄酒、印籠酒など二十余種にも及び仙台領内の種類醸造に多くの影響を与えた。（後略）

とある。

伊達政宗が、単なる酒好きではなく、幕府、水戸藩、津軽藩の記録からも分かるように、高贈答品としての「葡萄酒」の価値を認めていたからである。

津軽藩には甲州種の葡萄を植えた記録も残るが、仙台藩には甲州種を植えた記録はないので、少なくとも、この二藩の葡萄酒の葡萄は蘡薁であったであろう。

3　江戸時代の葡萄酒

江戸時代の葡萄酒については、原田信男氏の優れた論文があり、屋上屋とはなるが、復習して再確認をしておきたい。

まず、日本の本草学に大きな影響を与えた基本的な書籍である『本草綱目』[9]で、

◆時珍曰。蒲萄酒有二様。醸成者味佳。有如焼酒法者。有大毒。醸者。取汁同麹、如常醸糯米飯法。無汁用乾葡萄末亦可。魏文帝所謂蒲萄醸酒。甘美。甘於麴米酔而易醒者也。焼者。取蒲萄數十斤、同大麴醸酢。取入甑蒸之、以器承其滴露。紅色可愛。

いわゆる中国式の葡萄酒の製法について解説している。この製法が江戸時代に多大な影響を与えたと思われる。

ただ、最後に「或云、蒲萄久貯。亦自成酒。芳甘酷烈。此眞蒲萄酒也」とし、真の葡萄酒は、自ら酒になるもの、すなわち自然醗酵したものであると言っている。「涼州詞」は明らかに、この真の葡萄酒と思われる。

さて、『本朝食鑑』[10]元禄十年（一六九七）には詳しい製法が書かれている。

葡萄酒

腎を煖め、肺胃を潤す。造法は、蒲萄の能く熟して紫色になったものを、皮を去り、滓と皮とを強く濾して磁器に合わせて盛り、静かに一晩置き、翌日の濃い汁一升を炭火で二沸ほど煎じ、地に放置して冷めるのを待ち、次いで三年の諸白酒一升・氷糖の粉末百銭を加え拌匀ぜ、陶甕に収蔵て口を封じておく

と、十五日を経て醸成する。年を経たものは濃紫色も密のようで、味は阿蘭陀の知牟多に似ている。世間では、これを弥賞している。大抵この酒を造る葡萄の種としては、蘡薁（エビズル）が一番よい。つまり山蒲萄である。俗に黒葡萄というものも造酒に佳い。

これは、葡萄液に諸白酒と氷砂糖を加えている。葡萄汁を二沸ほど煎じているので、醗酵を止めることになり、先述したように②葡萄を使った酒、別な言い方をすれば、葡萄風味の日本酒なのである。

また、葡萄は蘡薁（エビズル）が一番よいと言い、『ひとりね』[11]にも見られ、江戸時代を通して常識と思われるし、『本草綱目啓蒙』[12]に見られるように二十六種類もの呼び名がある。

4　レシピ

更に詳しいレシピは十返舎一九の『手造酒法』に、

◆葡萄酒

一　しやうちう二升　一　白さとう三升
一　ふどうの汁三升　ただし葡萄のよくじゅくしたるをしぼり　布ごしにして
一　生酒五升　一　竜眼肉六合
右りうがんにくは摺鉢にてすり、右の五升の酒にてとき、布にてこし、扨のこらずひとつニ合せ、壷に入、ひやゝかなる所に置べし

◆山ぶどう酒
一　ふどう八升　　つるをはなし実ばかり
一　上白餅米八升　　つねの酒飯のことくして
一　上焼酎一斗　　一　麹八升
右こハめしと椛もミ合せ、瓶につくりこミ、ぶどうを一ト重おきて、めし椛のもみ合せたるを重ツ、だんぐにおし付ケ置、其上より痢の御のごとくにひしと穴をつきあけ、扨しやうちうを入、いきの出さるやうにいたしおくなり

葡萄酒では、葡萄汁、焼酎、生酒、白さとう、竜眼肉が用いられている。焼酎や生酒のなかに葡萄汁を入れたもので、葡萄は甲州種であり、②にあたる。

山ぶどう酒は、おそらく蘡薁であろうと思われるが、山ぶどうと蘡薁を時として区分するので、判断は難しい。

この山ぶどう酒は、焼酎を使い、「いき出さるよう」と言っているので、多少醗酵もしているが麹による醗酵であろう。また「酒飯」を使用しているので『本草綱目』の影響も見られる。

大田南畝の『遡遊従之』[13]享和二年（一八〇二）では、

葡萄酒ヲ造ニハ葡萄ノミニテ製スルヤ。又ハ穀類ヲモ雑ルヤ。証類本草云、葡萄酒子以醸酒、或藤汁ヲ取リテ醸酒モノ也。焼酎ニテ造ルハ古法ニ非ズ。

博識の大田は葡萄から醸造した酒と焼酎で造る酒とを区分している。つまり、①と②の区分である。

このように、江戸時代葡萄から造る酒も葡萄を使った酒も認識はしていたが、宮崎安貞が『農業全書』[14]元禄十年（一六九七）で言うように、

葡萄酒を造ることハ、尋常葡萄にてハならぬ物なりとしるせり。

という認識であったと思われる。

5　明治時代に醗酵の記録

明治時代となり日本各地で一斉に、葡萄酒醸造が試みられる。『大日本洋酒罐詰沿革史』[15]に、

明治三、四年の頃、甲府市廣庭町山田宥教同八日町詫間憲久両人、相共同して葡萄酒の醸造を開始し、京浜方面に移出したるを以て権興するが如し、

とあるが、すでに麻井宇介氏が指摘しているように、史料的には明治七年までしか遡れない。この山田・詫間の醸造法を『甲府新聞』明治八年二月十日付が記録しており、白葡萄酒醸造法は葡萄（甲州種）に麦麹を入れて発酵させる。上品。赤葡萄酒醸造法は山エビ（エビズル）に麦麹を入れて醗酵させる（この年は不作で醸造してない）。

赤葡萄酒醸造法は大エビ（ヤマブドウ）に麦麹を入れて醗酵させる。中品下（上中下という評価）という記事である。醗酵していることを明らかに記録しており、①の葡萄で造った酒、ワインなのである。麦麹を入れ

たのは、江戸時代以来の製法の伝統であろうと思われるが、醸造の専門家の後藤昭二氏は『日本微生物資源学会誌[16]』二六巻に載せたコラムで、

後年の清酒醸造における〝もと〟造りや〝もろみ〟における微生物学的、発酵生理学的研究（清酒酵母研究会　一九八〇）から、麹が酵母の増殖を促す要因の一つであることが明らかになった、したがって、生成ワインの質はともかくとして、〝発酵もと〟として麹の使用は妥当な方法だったといえるのではないだろうか。

としている。

明治時代まで蘡薁は各地に豊富に存在していたらしく、『日本山海名産図会[17]』寛政十一年（一七九九）などにも図入りで紹介されている。明治初年、長野県ではこれの独占を図ろうという企てがあり、津軽の藤田半左衛門[18]も早速醸造を試みている。日本各地の先駆者はいずれも失敗している。まず、蘡薁や山ぶどうでは糖度が少ないこと、醗酵に関する知識と技術がないこと。日本酒醸造施設の利用などがあげられる。

上野晴朗の『山梨のワイン発達史[19]』の隠れたキーワードは「蕩尽」である。土屋助次朗の弟喜市良は『土屋合名會社沿革[20]』のなかで「千挫百折」と言っている。髙野・土屋によって、明治十二年から、フランス流の葡萄酒醸造技術が導入されたとは言え、ほとんど失敗の連続だったのである。この危機を救ったのは、①ではなく、③葡萄酒残滓で造った酒、④葡萄酒を使った酒や⑤ブランデーなどの酒なのである。特に④は醸造技術が未熟で人々の嗜好も未発達な時期にあっては大きな糧となったのである。

6　詫間憲久と山梨県勧業試験場付属葡萄酒醸造所

県令藤村紫朗は政府の播州葡萄園や開拓使葡萄醸造場に先立って、地方で逸早く葡萄酒醸造所を立ち上げた。しかも技術者として桂二郎[21]、大藤松五郎[22]を招聘している。城山静一[23]なる人物は、ワインに関する知識はなかったと思われるが、アメリカから帰ったばかりなので、当時としては最先端の布陣だったと思われる。

まず、大藤松五郎はアメリカで醸造技術を学んだ人物で勧農寮に所属していた。つまり、政府所属の人物をヘッドハンティングしたのである。桂二郎については、現在調べが行き届いていないが、兄の桂太郎に従い、独逸に留学した後に勧農局に勤務していたが、明治十一年にはフランスに滞在している。国立公文書館の文書から山梨県が派遣した時の留学期間は明治十一年九月より同十二年七月迄である。学資金二〇三四円で、すでに十三年には一〇〇円[24]返納している。

国立公文書館の記録から、明治十四年から政府内部で、桂二郎の留学費の付け替えについて、交渉して明治十七年に認められている。不思議なことに、山梨県側にはこれに関する一切の記録はない。

そこで問題となるのが、藤村が明治十一年に政府に一万五〇〇〇円の借用を申し入れ、明治十二年に許可されているが、何の目的で当初経費の三倍以上もの経費が必要であったのだろうか。

これは、明治十三年の天皇巡幸に備えた設備投資の可能性があり、さらには憶測を加えれば、桂二郎の学資金も含まれていたのではないか。

高野正誠と土屋助次朗はフランスへの渡航について、一〇〇〇円が足りず土地を担保に県から借財しているのと比べると、桂二郎の留学資金は謎が多い。さらには、この勧業試験場付属葡萄酒醸造所での実績が全く不明である。

さて、明治十年の詫間憲久が出品した内国勧業博覧会[25]およびパリ万国博覧会に出品した勧業試験場の酒[26]について評価していきたいと思う。醸造人の大藤松五郎の葡萄酒については、これは明らかに葡萄の搾り液を醗酵させたもので純粋の葡萄酒で①にあたる。

ビタアスワインは、葡萄の汁液に火酒をおよそ三分の一入れ、他に葡萄舎利別六分の一、菖蒲根、橙皮、肉豆蔻、コリアンタルシーズ、シナモン、クローブス、ウイジニアスクロット、ヂンダイン、アイズグラスを和すというもので、火酒を主体としたものであると思われ⑤にあたる。

スウイトワインは難しい。まず硫黄で燻蒸しているが、これは髙野正誠[27]が言うように葡萄の甘味を保つため、醗酵を止める方法なのである。葡萄の甘味である糖分を醗酵させるとそのままワインになってしまう。この酒は甘味を保つことが重要なので、硫黄で発酵を止めるのである。即時葡萄果汁を樽に入れ、静置して三週間で渣滓をとり、澄液をとることを3回して、これに火酒10分の1を調和するというもので、火酒を添加することでアルコール度数を確保したもので、東京衛生局の報文が『山梨県勧業報告』第八号にあり、それによればリキュールに属するとある[28]。

次にパリ万国博覧会に出品した勧業試験場の米製ブランデーは、米酒（日本酒）を蒸留してアルコール分を抽出して、これに葡萄煎汁を加え、さらにアリスルート、スタトアニス、ドッチプルーム、葡萄醋を加えたものである。葡萄酒及びその残滓が原料のブランデーではないが、葡萄風味のあるもののように思える。

明治十年に山田宥教と詫間憲久の醸造所を訪ねた津田仙の葡萄酒についての評価は低かったものの、蒸留すればよいであろうと言っている。勧業試験場付属葡萄酒醸造所の酒の評価は高いものとは言えないが、『朝野新聞』の評価はよいのである。髙野正誠・土屋助次朗の『明治十年全十一年往復記録[29]』（以下『往復記録』とする）で、「大藤氏フランス流のワアンの製法ご存知あらば……」としながら、地元の仮社長の雨宮彦兵衛と内田作右衛門は大藤氏の酒が評判がよいと不安な様子をフランスの髙野・土屋に書き送っている。

おそらく、ブランデーやビタアスワインのように火酒主体の酒について、大方の評価を受けたものと思われるが、純粋に醸造した葡萄酒についてはこのかぎりではない。

7　宮光園資料にみる葡萄酒を使った酒の製法

東八代郡祝村第百六拾壱番地

酒造場

①コロンボ葡萄酒醸造法

免許鑑札弐三六六参号

一葡萄酒壱石

一コロンボ百五拾目

一蜂蜜壱斗

此石数壱石壱斗

右者コロンボ葡萄酒醸造仕度候間、至急御許可被成下度、此段相願候也

右営業人

宮崎市左衛門

明治廿二年七月

山梨県知事中崎錫胤殿

宮崎市左衛門と宮崎光太郎は大日本山梨葡萄酒会社が明治十九年に解散した後、直ちにコロンボ酒の生産を始めた。コロンボ酒は薬用効果のあるコロンボを葡萄酒に入れたもので、蜂蜜も入れているので相当甘味の強いものであったろうと想像される。また、当初から葡萄酒の生産ではなく、売れる酒の製法に踏み切ったこと

は評価される。

②変製酒見込石数及方法届

東八代郡祝村第百六十一番□
酒造場

一　甘味帝国葡萄酒八石　見込石高
葡萄酒五斗五升
舎利別二斗五升
焼酎　二斗
合計壱石
右之〔製造ノ二字ヲ加フ〕方法ニテ八仕舞ノ見込
右御届候也
東八代郡祝村第百六十一番地
酒造営業人
宮崎光太郎
明治廿二年四月十六日
山梨県知事田沼健殿

これは、明治時代の主流をなした甘味葡萄酒の製法である。葡萄酒に舎利別さらに焼酎を加えている。アルコール濃度を上げている。

③混成葡萄酒石数及製造方法申告書

東八代郡祝村
第百六拾一番戸
混成酒製造場

一混成葡萄酒拾石 〈自第一号至第十号〉拾仕込
此原質品
一葡萄酒六石七斗三升也
一酒精弐斗七升也
一砂利別三《斗》〔石〕也
計拾石
此製造方法
一葡萄酒六斗七升三合
一酒精弐升七合
一砂利別三斗
右ハ明治三十年度製造石数及製造方法《前記ノ通リ候間申告候也》申告仕候也
東八代郡祝村
第百六拾一番戸
混成酒製造営業人
宮崎光太郎

明治三十年壱月廿日　代人早川啓二郎

松本税務管理局長

磯貝信行殿

②は変製酒と言い、③では混成酒と言っているが内容はほぼ同じで、葡萄酒に砂利別（舎利別）と酒精（アルコール）を加えたものである。

宮崎市左衛門が自宅で醸造を始めるのは明治二十五年（『大日本洋酒罐詰沿革史』）であるが、宮光園資料（M20192）では明治二十二年で、これ以前には明治七年から日本酒の営業をしており、明治二十二年からコロンボ酒や混成酒などの生産を始めていたのである。商才に長けた宮崎家の面目躍如である。薬用酒や混成酒で原蓄を確保しながら、順次本格的なワインの生産に至ったのである。

9　まとめ

葡萄酒とはいったいどんなものなのか？　純粋に葡萄の果汁を醗酵させたもので、補糖も認めない定義もあるが、補糖やアルコールの補強は認めているところもある。また混成酒などは相当幅がひろく、○○葡萄酒と呼称されることは多々ある。

面白いのは、十返舎一九の『手造酒法』の挿絵でも葡萄酒はワイングラスで飲んでいるのである。それは、ヨーロッパから伝わったものという文化があったからである。当地方のように地域に土着して土俗化して茶飲み茶碗で飲むのではないのである（最近はこのような光景はあまり見ない）。

江戸時代は基本的に蘡薁や山ぶどう、甲州種の葡萄で酒を造り、『河内名所図会』[30]にあるように、葡萄酒を販売しており、『江戸町中喰物重宝記』[31]では「ぶどう酒」は八文であったように、江戸初期の高級贈答品から市中で飲める酒へと普及していたのである。

荻生徂徠の「甲陽美酒緑葡萄[32]……」はおそらく勝沼宿では葡萄酒を販売していたのであり、江戸中期から明治初年には、地方にもこうした葡萄酒が普及していったと思われる。

我々も醸造実験の経験のある縄文時代の酒は、確かに醸造はできるが、酒である期間が非常に短いものですぐ酸敗する。

この酸敗や腐敗をどう克服するかが明治初年のパイオニアたちの大きな課題であったのである。葡萄さえあれば、葡萄酒は誰にでも簡単にできる。ただし、これを酒の状態で長く保って、人々に供することは、実は至難の業だったのである。明治十三年に葡萄酒醸造について書いた小澤善平[33]はひたすら器具の洗浄を説いている。

保存と維持に係る葡萄の糖度とアルコール度数、またその技術を証明できなければ、葡萄酒の記事だけでは、①の葡萄酒にはならないのである。

註

1　原田信男（二〇〇八）「江戸のブドウとブドウ酒」『酒史研究』第二四号、原田氏の分類に③〜⑤の分類を付け加えた。

2　十返舎一九『手造酒法』国会図書館のデジタルアーカイブで入手可能。以後（国図書デジタル）と表記。鎌谷親善（二〇〇一）「史料　十返舎一九『手製集酒編　手造酒法』――解説と翻刻」『酒史研究』一七号

3　大日本山梨葡萄酒会社は明治十年に甲州市勝沼町下岩崎に設立された民間葡萄酒醸造会社である（会社の所在地は明記されていないが、最初に葡萄酒を搾った場所とする）。

4　宮崎光太郎と父市左衛門の経営する宮崎葡萄酒醸造所は山梨県甲州市勝沼町下岩崎一七四一番地に所在した。現在主屋、白庫、文庫蔵道具蔵離座敷が市指定で第二醸造場が県指定となって、一般公開されている。
5　岩下哲典（一九九六）「江戸時代の国産葡萄酒に関する新出史料をめぐって」『徳川林政史研究所　研究紀要』三〇号一。また、同氏の（一九九八）『権力者と江戸のくすり』。
6　『徳川実紀』正保元年（一六四四）八月三日。
7　藤田本太郎（一九八七）『弘前・藤田葡萄園』に『津軽史』一五巻の元禄五年（一六九二）の記事が掲載されている。
8　山田揆一『仙台物産沿革』『仙台叢書』別集第二巻
9　李時珍『本草綱目』万暦六年（一五七八）に完成、万暦二十四年（一五九六）発行。
10　人見必大（元禄十年〈一六九七〉）『本朝食鑑』東洋文庫二九六～三九五
11　柳沢淇園（享保九年〈一七二四〉）『ひとりね』日本古典文学大系九六『近世随想集』
12　小野蘭山（享和三年〈一八〇三〉）『本草綱目啓蒙』東洋文庫五三一～五五二に所収
13　大田南畝（享和二年〈一八〇二〉）『遡遊従之』
14　宮崎安貞（元禄十年〈一六九七〉）『農業全書』
15　朝比奈貞良編（大正四年〈一九一五〉）『大日本洋酒罐詰沿革史』
16　後藤昭二（二〇一〇）「コラム『葡萄酒醸造——天然発酵から培養酵母使用へ』」『日本微生物資源学会誌』二六巻
17　『日本山海名産図会』（寛政一一年〈一七九九〉）
18　15に同じ
19　上野晴朗（一九七七）『山梨のワイン発達史』勝沼町
20　土屋喜市良（一九〇六）『土屋合名會社沿革』
21　桂二郎。桂太郎の弟で、勧業局、山梨県、勧業局・農商務書に勤務、山梨県に明治十三年度まで勤務したが、詳細は現在不明で確定できない。
22 大藤松五郎。アメリカで葡萄酒の醸造法を学び勧農寮に勤務。
23 城山静一（キヤマシズイチ）。高橋是清の自伝に登場する（中公文庫『高橋是清自伝』上下）。ペルー銀山事件の会社社長が藤村紫朗で城山は副社長。彼の葡萄酒に関する知識は、明治十年にフランスへ伝習に向かった高野正誠と土屋助次朗にカラリット（Claret）の製法を厳命したことからも窺われる。勧業報告に講演が載っているので弁舌に長けた人物と思われる。
24 この一〇〇円は桂が山梨県から俸給を得ていた期間で十カ月ではないかと推定される。
25 『山梨県史資料編16』第一回内国勧業博覧会出品解説
26 パリ万国博覧会出品目録、この出品目録と第一回内国勧業博覧会の出品目録を比較すると、山梨県勧業試験場は詫間憲久製造の酒をラベルを代えて出品したのではないかと疑っている。いずれにしろ醸造人は大藤松五郎である。この時の白葡萄酒については、明治十三年の『山梨県勧業報告』第八号に分析結果が記録されており、アルコール濃度9・5パーセントである。現在のワインに比べて濃度が低い。また、明治十六年の高松豊吉の分析でも8・13パーセントである。現在のワインより濃度が低い。これを蘡薁を原料にするとさらに低くなり、不安定となる。より高度な技術的がなければ、安定性を欠くことになる。
27 高野正誠（一八九〇）『葡萄三説』
28 山梨県（一八八〇）『山梨県勧業報告』第八号
29 高野正誠・土屋助次朗『明治十年仝十一年往復記録』（一九八七）甲州市で解読出版
30 『河内名所図会』（享和元年〈一八〇一〉）（国会図書デジタル）「初秋の頃は鈴の如く生て市に出す、其味他にまさりて甘美なり、葡萄酒も此地の名産としらる。風土の寿なり。」とある。
31 『江戸町中喰物重宝記』（天明八年〈一七八八〉）
32 荻生徂徠『峡遊雑詩十三首』（宝永三年〈一七〇六〉）「甲陽美酒緑葡萄　霜露三更湿客袍　須識良宵天下少　芙蓉峰上一輪高」とある。美酒は葡萄酒であり、緑葡萄は甲州種に緑系葡萄があったことを想像させる。実際に甲州に来た荻生徂徠の詩であるだけに重要である。

33　小澤善平（明治十三年〈一八八〇〉）『葡萄培養法続編』上下

3 小倉藩の葡萄酒

はじめに

日本経済新聞の夕刊二〇一六年七月二十三日に橋本麻里氏が「日本ワインの始まりは」という記事を載せたので、ある人から質問があった。調べてみると随分前から当主の細川護熙氏を始め多くの人々が同じような主張をしており、一部は村おこしにも活用されているという。

「がらみ」とその地方で呼ばれるエビズルは日本の野生種の葡萄で、江戸時代を通じて、『本朝食鑑』の説くごとく「大抵この酒を造る葡萄の種としては、蘡薁が一番よい」とされてきた。明治時代にワイン造りが本格化すると、全国的にこぞって蘡薁でワイン醸造を試みてほとんどが失敗している。

ワインとは

基本的な問題として葡萄酒とワインは違うものである。ワインはブドウの糖分を醗酵させてアルコールと炭酸ガスを発生させる。江戸時代には大名も町人も楽しんだ葡萄酒はブドウの風味を楽しむもので、必ずしも醗酵することを必要としない。スウイトワインのように葡萄の甘みを保つため、硫黄を利用して、わざわざ醗酵を防止して、火酒（葡萄焼酎）を加えるものもあるので、名称と分類はなかなか複雑である。

ワインはブドウの糖分を醗酵させて、アルコールに変えるものであるから、糖分がある程度ないと酒として安定しない。１０％程度で安定するが、安全性を重視するなら１４～１５％程度はほしいところであるという。明治十二年の山梨県勧業試験場付属葡萄酒醸造所の甲州種から醸造した白葡萄酒は９・５％のアルコール分で、当時の技術でほぼ安定したワインを醸造している。

ところが、エビズルは野生葡萄のなかでは最も糖分が少ないが、江戸時代に評価されていたのは、その色と香りであろう。山下裕之氏[1]が引用した表を参考にのせておく（表２）。

この表でデラウエアは還元糖が１６・８％で、現在市販のデラウエアワインは８～１２％のアルコール分である。エビズルは８・１％である。推して知るべし、エビズルを醗酵させても、おそらくアルコール分はほとんど４～６％くらいで酸敗・腐敗の危機にさらされる。

我々の縄文時代の酒造りの実験では、酸敗や腐敗する前に飲んでしまうのである。おそらく縄文時代は経験上、祭りの数日前に醸造するというシステムであったと思われる。しかしながら江戸時代の大名の饗応料理、高級贈答品として、ましてや九州小倉から江戸まで送るということを考えれば、常に酸敗・腐敗のつきまとうワインではないはずである。

□小倉藩の葡萄酒

マスコミで小倉藩が日本で最初にワインを造ったと宣伝されているが論文も

表２　野生葡萄の糖分など

表２　成熟期における各種野生ブドウの顆粒中の糖，有機酸，アミノ酸，アントシアニン含量（中川ら 1986）

	還元糖 (%)	ブドウ糖 (%)	果糖 (%)	ブドウ糖/果糖	有機酸 (%)	アミノ酸 (mg %)	アントシアニン (O.D.537nm)
チョウセンヤマブドウ	12.7	9.2	3.5	2.6	0.50	191.2	0.12
ヤマブドウ	12.3	5.2	7.1	0.7	0.50	155.3	0.21
サンカクヅル	14.2	8.0	6.2	1.3	0.52	214.0	0.30
エビヅル	8.1	4.1	4.0	1.0	0.51	50.7	0.30
シラガブドウ	12.0	6.7	5.3	1.3	0.36	222.6	0.45
ダイサンカクヅル	12.3	8.1	3.9	2.2	0.81	250.8	0.42
クマガワブドウ	12.0	9.2	2.8	3.3	0.72	180.5	0.49
シオヒタブドウ	17.7	12.7	5.0	2.5	0.48	294.5	0.41
リュウキュウガネブ	7.8	3.7	4.1	0.8	0.51	138.0	0.70
デラウェア	16.8	7.5	9.3	0.8	0.77	220.8	0.05

なく、批判もなかなかできなかったのであるが、後藤典子氏が「一六二〇年代　細川家の葡萄酒製造とその背景」という論文を書かれた。[2] タイトルからは葡萄酒なら製造が正しく、ワインなら醸造であるが、全体を読むとワインのようである。

論拠とされた史料一〜十一を見ても、醗酵している様子はまったくない。史料七に黒大豆がでてくるが、これが醗酵を促進したという。ワイン技術者に聞くと多少の効果はあるという。しかしながら元々の糖分が少ないがらみ（エビズル）であるから、糖分に限界があり、いくら醗酵促進剤を入れてもその元がなければ、醗酵してもアルコール度数の低いものになってしまう。

髙野正誠・土屋助次朗が明治十一年フランスのモングーで学んでいた折、ブドウが天候不順で糖分が少ない時にはブランデーまたはダイコン砂糖を投入するように指導されている。もともと糖分の少ないエビズルであるから、焼酎や諸白または砂糖を投入する記述があってしかるべきであるがない。ただ史料五に諸白が出てくる。これに関して後藤氏は一切触れていないが、むしろこの諸白が重要なのではないか。

江戸時代の葡萄酒のレシピは『本朝食鑑』にもあるが、最も詳しいのが十返舎一九の『手造酒法』[3] である。ここでは葡萄酒と山ぶどう酒に分けている。つまり甲州種のブドウから造るものを葡萄酒、ヤマブドウないしエビズルから造るものを山ぶどう酒と分類して、詳しいレシピを書いている。また、言い換えれば白と赤の葡萄酒なのである。

いずれも、ブドウを醗酵させることはないようである。山ぶどう酒が醗酵しているような記述は上白餅米が麹で糖化醗酵しているのであり、山ぶどうは醗酵する間もないようである。

史料一〜十一の中でがらみが醗酵しているような記述は一切ない。糖分の少ないがらみから葡萄酒を造ろうとするなら、焼酎を使って用具を殺菌するようなことが行われてもよいのであるが何もない。

麻井宇介氏は明治初年多くの醸造家が失敗を繰り返したのは日本酒の醸造施設と用具をそのまま使用したこ

とが挙げられるという。我々には見えない微生物環境が醸造にどのように反映するのかは、ワイン技術者でもない我々には全くわからないことである。

❒醗酵したか

日本の野生ブドウであるエビズルから、ワインを醸造するためには、醗酵時に相当量の砂糖を投入するか、あるいはアルコールを相当量入れなければ、ワインとして安定しない。

明治初年、葡萄酒にはエビズルが最もよいという江戸時代以来の常識のもと、日本全国の先進的な人々がワイン醸造を試みている。明治七年、甲府の山田宥教・詫間憲久は賣鬻品（バイイクヒン＝商品）として計画し、醸造を始めている。八年はエビズルが不熟で醸造していないが、ヤマブドウでは醸造している。すぐに九年七月には事業が瓦解している。よって、エビズルのワインがどんなものであったか記録がないが、『甲府新聞』には醸造法が記されている。

明治八年には弘前の藤田葡萄園も醸造しているが、やはり失敗している。明治初期には赤ワインを造ろうとすれば、ヤマブドウ及びエビズルで醸造するしかなかった。やがて山梨県勧業試験場が洋葡萄で赤ワインを造ったと推定されるが、詳しい記録に欠けている。

明治初年にエビズルで果敢に赤ワインづくりに挑戦した先人の記録から明らかなように、小倉藩がアヘンを造るほど先進的な技術があったと言っても、エビズルにはワインのもととなる糖分が少なく、現在の衛生管理と亜硫酸を利用できない環境では、まず無理と言わざるを得ない。エビズルから醸造は可能であるが、お殿様のお遊びではなく饗応料理、高級贈答品に用い得るには、まず不可能であろう。

典拠として挙げた史料一〜十一のどこにも、醗酵に関する記述は見当たらない。葡萄酒は醗酵を必要としないがワインは醗酵が必須である。歴史学は史料の分析から始まるのであり、醗酵に関する記述が一切ない葡萄酒をワインと主張するのは、史料に基づかない物語である。もともとの日本語に外国語を充てるときにある誤謬の一つである。

註

1 山下裕之（二〇一九）「日本原産野生ブドウの育種的利用」『農業および園芸』94－4

2 後藤典子（二〇二〇）「一六二〇年代　細川家の葡萄酒製造とその背景」『永青文庫の古文書』

3 鎌谷親善（二〇〇一）「十返舎一九『手製集酒編　手造酒法』―解説と翻刻―」『酒史研究』一七

4　弘前藩の葡萄酒

青森県の弘前は日本ワイン史にとって忘れてはならない土地である。『大日本洋酒罐詰沿革史』[1]に「藤田葡萄園藤田醸造場」という項がある。藤田半左衛門は野生葡萄を栽培して、良好であったので、明治八年外国人のアルヘーを招聘して、ワインを醸造したがアルコール度数が低く、酒質が悪かったという。その後桂二郎の教授により、三田育種場より洋種苗を購入して、明治十八年から本格的醸造を開始した。甲府の山田宥教・詫間憲久同様にまずは野生葡萄から醸造を試みている。どうも明治初年頃は日本各地で野生葡萄からワインを醸造しようとする試みがあったと思われる。

藤田葡萄園の跡を訪ねるべく、電車の中から風景を見ていると、民家の庭先にブドウが見られた。弘前は明治初年ワイン産業を興すべく、ブドウ栽培を開始したが、フィロキセラ来襲により、リンゴ栽培に転換したという。もしかすると、ここには明治のブドウ品種が生き残っているのではないかと想像された。果樹は改植が激しく、古い品種はなかなか保存されないが、経済的行為でない庭先のものは意外と保存されている。

さて『津軽史』第十五巻に参勤交代で藩内を通過する松前藩の殿様へ弘前藩から「葡萄酒一樽」が贈られた記事は各所に引用されており、いつかは原典を確認したいと希望していた。

ある時、大学の後輩でもある故今福利恵氏に江戸時代の葡萄酒に関する話をしたことがあった。彼はそのことをよく覚えていて、令和二年（二〇二〇）の城郭等石垣整備調査研究会で弘前の福井敏隆氏にお会いした折、弘前藩の葡萄酒の話をしたようであった。すると早速「弘前藩国日記」の享保八年の記事を今福氏にお送りいただき、筆者の下に届いたのである。

そして、令和六年の正月そうそう福井敏隆氏から抜刷[2]が送付された。これは、かつての手紙で「弘前藩国日記」・「弘前藩江戸日記」の膨大な数量を、調べるのは時間がかかるとおっしゃっていたが、なんと四年の歳月をかけて調べていただいたのである。寛文三年から元禄九年まで三十二項目を一覧表に整理していただいた。なお、葡萄酒の造り方に関する記事はないようである。葡萄酒は藩の饗応料理には欠かせない重要な飲料であったのである。薬用としての意味もあったという。この考えは明治時代まで続くのである。

なお、弘前城築城四百年を記念して『弘前藩よろず生活図鑑』というリーフレットが刊行され、ネット環境でも見ることができる。津軽四代藩主信政公の料理の復元が解説入りで紹介されている。それは藩主が生母久祥院を饗応したときの料理である。そこに葡萄酒が見える。また福井氏によれば、弘前市立図書館のＨＰから「おくゆかしき津軽の古典籍」があり、そこから「国日記」のデジタル画像を見ることができるという。

註

1　朝比奈貞良編（一九一五）『大日本洋酒罐詰沿革史』

2　福井敏隆（二〇二三）「弘前藩における葡萄酒の醸造について―『国日記』に見える最古の記録―」『弘前大学國史研究』第一五五号

第三章

大日本山梨葡萄酒会社設立

1　大日本山梨葡萄酒会社の設立年月日

日本のワイン史には欠くことのできない、この大日本山梨葡萄酒会社の設立年月日が、長い間不明で明治九年とも十年とも言われてきた。この度、髙野正興家文書を整理する中で、次のような文書の提供を受けた。

證

［印紙］（朱印）

一金五百円也

右者葡萄酒醸造會社設立資本金

（朱印）（朱印）

正ニ受取候也

山梨縣第廿四区祝村

右社長　内田作右衛門（朱印）

〃　雨宮彦兵ヱ（朱印）

明治十年十月三日

〃村

髙野正誠　殿

これによって、髙野正誠が、資本金を拠出した日が明らかとなった。髙野の『葡萄酒会社　波𢌞多女』という備忘録的な記録の中の「履歴書」において、

本社ノ義ハ明治十年十月当村雨宮彦兵ヱ内田作右ヱ門髙野正誠土屋助次郎外拾三名ノ発起人ニシテ洋行費三千円ヲ募リ正誠助次郎両員ヲ佛国ニ航セシメ葡萄栽培ノ肇ヨリ葡萄酒醸造ノ技術ヲ卒ヘ明治十二年五月帰朝セリ

と経緯を記録していることから、当初は髙野ほか三人と十三人の計十七名が発起人であって、設立資金を創業日に振り込んだとは考え難いが、現存史料から、この明治十年十月三日を以て、仮の葡萄酒醸造会社の設立年月日としておきたいと思う。『往復記録』では仮社長や社中とあり、暫定的に「葡萄酒醸造会社」の会社組織を立ち上げ、伝習生二名をフランスへ派遣したのである。

そして、次の文書で正式な設立年月日が判明した。

『明治十三年一月　日誌　葡萄酒会社』（歴０４９７）により、会社の設立年月日は明治十三年一月二十六日であることが判明した。まず、明治十三年一月二十日に、山梨県勧業課の官員の出席を要請して、二十六日に祝学校で設立総会とでもいうべきものが開催された。最も重要な部分なので、引用する。

一月廿六日
祝学校内へ県下ノ有志集場
県官福地隆春園部忠大藤
松五郎及ヒ郡長加賀美嘉兵衛

派出相来仮ニ福地君ヲ議長ニ
倚数先乃取締役ノ五名ヲ選
挙ス投票落点左ノ如シ

四十一点　雨宮彦兵衛
四十点　内田作右ヱ門
三十八点　雨宮廣光
三十四点　志村勘兵衛
二十四点　加賀美平八郎

右五名選挙相成タリ而シテ
雨宮廣光ヲ社長ニ決定ス
次ニ議員八名ヲ選挙ス投票
点数左ノ如シ

二十七点　網野善右ヱ門
二十六点　初鹿野市右ヱ門
二十六点　髙野積成
二十二点　若尾逸平
二十二点　雨宮作左ヱ門
十七点　小野七郎右ヱ門
十五点　中沢仁兵衛
十五点　依田道長

右八名社員ニ撰挙決定シタリ
而シテ一同祝宴葡萄酒ヲ
試味数盃ヲ重共同賀酔
欣喜不斜之事　午後五時
解散ス右取締役及ヒ議員ノ
面々雨宮彦兵エ方江一会ス

つまり、明治十三年一月二十六日に県下有志（株主を指すか）が祝学校に招集され、県勧業課の福地隆春[1]、園部忠、大藤松五郎が出席し[2]、郡長の加賀美嘉兵衛も同席し、福地隆春（勧業課長）が議長を務め、取締役五名を投票により選出し、社長を雨宮廣光に決定したのは、取締役の互選である。次に議員八名がやはり投票により選出されている。

今まで、山梨県勧業課及び勧業試験場と大日本山梨県葡萄酒会社との交流は殆ど皆無であったが、設立総会の議長を県勧業課長である福地隆春が務め、園部も大藤も同席しており、別の資料からも深いかかわりがあったことが明らかとなったのである。

さて、取締役に土屋勝右衛門の名がないが、明治十四年一月一日発行の株券には、取締として名があるので、現在資料的には未検出であるが、取締役選出の会議が持たれたであろうことが想像される。

註

1　福地隆春（県勧業課長）は佐賀県出身の士族で、髙野・土屋の出立時に東京まで付き添った人物で、『往復記録』にもたびたび登場し、大日本山梨葡萄酒会社には当初から深くかかわった人物である。

2　大藤松五郎は勧業試験場付属葡萄酒醸造所のワイン醸造の技師である。園部忠は同所でブドウ栽培を担当していたと思われ、第一回内国勧業博覧会に洋葡萄を出品している。

2 明治十三年の葡萄酒会社設立願について

明治十三年六月十一日に髙野積成と雨宮作左衛門が中心となり、葡萄酒会社設立願（勝沼町保管文書K－69）を藤村県令あてに提出している。これは印刷物で、書面に設立願と発起人十三名が名を連ね、規則まで付けたもので、会社を設立しようとする上で、整った形式を備えているように思える。

この原文は（歴0003と0007）の手書文書で、日付は明治十三年二月である。原文を修正したことが日誌（歴0497）からも窺える。

筆頭者が髙野積成であることから、筆者らは大日本山梨葡萄酒会社とは別会社であろうと考えてきた。しかし、「同志者ヲシテ佛國ニ航セシメ其栽培ノ始ヨリ醸造ノ終リマデ其術ヲ得テ帰ルニ至リ」からは大日本山梨葡萄酒会社の設立願と規則としてよいと思う。株券の発行が明治十四年一月一日であるから、前年に会社組織を整えたと見なすことが可能である。筆頭者が髙野積成と雨宮作左衛門である所が、気にかかる部分であるが、当時会社の代表というより、事務能力に長けた人が筆頭に署名したものと思われる。

連印者は、大日本山梨葡萄酒会社と重なるもので、特に祝村の内田作右衛門と雨宮彦兵衛は、暫定設立時の大日本山梨葡萄酒会社の責任者で、髙野正誠・土屋助次朗の『往復記録』にも、仮社長の宛名として登場してくる人達である。この二名が明治十四年に株券発行などの会社の組織を固めるまでの社長として認識され、後に署名印をしている。

大日本山梨葡萄酒会社は、明治十三年から組織を固め、明治十四年から社長を務めた一櫻村の雨宮廣光、支配人は錦村の網野次（治）郎右衛門である。この両名は銀行を興すほどの資産家である。取締役は株券によって異なり、内田作右衛門、雨宮彦兵衛、土屋勝右衛門、初鹿野市右衛門の四人がいる。以上の六人が会社の役員を構成していたのである。株券発行は明治十四年一月一日である。株券発行がやや遅れていたように思われる。

しかしながら、明治十三年の日誌（歴０４９７）に、会社の設立は明治十三年一月二十六日で、明治十四年四月十七日の会議で株金一万三〇〇〇円、一三〇株、株主七十一名が明らかとなった。

そもそも株式会社では、株主は流動的であることから、県博の『葡萄酒潤益配賦簿』（歴００２３）はすべての株券が記入はされていないが、おおよそ一五〇株である。出資金一〇〇円であったので、一万五〇〇〇円の資本金であったろうか。髙野正誠の『葡萄酒会社　波毘多女』には株主七十五名で一五〇株、総額一万五〇〇〇円とあるが、未納金株もあり、複雑であるので、株主と株金については別稿に譲る。

明治十三年葡萄酒会社の規則によれば一株一〇〇円で二〇〇株、二万円を規定している部分が、実際の葡萄酒会社とは異なる。やはり資本金を集めるのに苦労した結果ではないかと推定される。

3 葡萄酒醸造会社設立規則

大日本山梨葡萄酒会社の設立規則を全文掲載しておく。勝沼町保管文書K―69である。これは印刷物であるが、『葡萄酒会社設立願』（歴0003）は明治十三年二月で手書きである。『葡萄酒会社設立規則』（歴0007）もやはり明治十三年二月で手書きである。日誌（歴0497）によれば、明治十三年一月二十六日に設立した後も規則については協議を続けていたようである。であるから六月に協議がまとまり印刷物としたものと思われる。

❐葡萄酒醸造会社設立規則

まず、最初に設立願が印刷されている。

葡萄酒会社設立願

今般私共協同勠力ヲ以葡萄酒會社設立スルノ旨意ハ曩ニ同志者ヲシテ佛國ニ航セシメ其栽培ノ始ヨリ醸造ノ終リマテ其術ヲ得テ帰ルニ至リ因テ愈就業セシメ他日盛大ノ効益ヲ擧ケ國家ニ裨補センコトヲ期シ祝村内ニ一社ヲ設立ス依之私共連署別冊規則案相添右設立ノ儀奉請願候也

明治十三年六月十一日

山梨縣東西八代山梨郡

祝村

高野積成

雨宮作右ヱ門

錦村

網野善右衛門

八幡村

中澤仁兵衛

日下部村

依田道長

日川村

小野七郎右衛門

初鹿野市右衛門

甲府

若尾逸平

南八代村

加賀美平八郎

日川村

志村勘兵衛

祝村

内田作右衛門

雨宮彦兵衛

一櫻村

雨宮廣光

山梨縣令藤村紫朗　殿

前書奉願候ニ付奥印仕候也

戸長代書役

小川成美

前書願出候ニ付即進達仕候也

明治十三年六月十一日　東八代郡長加賀美嘉兵衛代理

書記　杉山　順

第二六二一號

書面願ノ趣ハ追テ一般會社條例御発行迄ハ人民ノ相對ニ任セ営業不苦事

明治十三年六月十一日

山梨縣令藤村紫朗

葡萄酒釀造會社規則

第一章　社名並會社設置之事

第一條　此社ノ名號ハ葡萄酒釀造會社ト称スヘシ

第二條　此會社ハ山梨縣下東八代郡祝村ニ設置スヘシ

第三條　本社営業ノ旨意ハ葡萄酒釀造及ヒ葡萄栽培専トシ繁殖盛隆スルニ従ヒ各所ニ分社ヲ設立シヘシ

第二章　株金募集之事

第四條　此社ノ資本金ハ百円ヲ以テ一株トシ總高貳萬円即チ貳百株ヲ募集ノ限リトス
但シ加入者ノ望ニ任セ右貳百株ニ滿ツルノ間ハ一人幾株ニテモ所持スルヲ得ヘシ

第三章　社長取締役諸役員撰挙之事

第五條　取締役ハ株主一同ノ投票ヲ以テ五株以上ヲ所持スル株主ノ内ヨリ五名ヲ撰挙スヘシ

第六條　此社ノ社長ハ取締ノ互選ヲ以テ其内ヨリ一員ヲ抜擢スヘシ

第七條　議員ハ八人ト定メ株主ノ内ヨリ撰挙スヘシ

第八條　前三ヶ條共投票ノ多数ニ決スルハ勿論ナントモ若シ同数ナルトキハ発起人中ノ衆議ニ附シ之ヲ取究ムヘシ

第九條　社長取締役議員ハ一ヶ年限リ改撰スルモノトスル然レトモ株主一同其人ヲシテ猶勤続ノコトヲ望ミ各員モ亦銘々辞スルモノナキトキハ改撰ノ法ヲ止メ勤続スルコトヲ得可シ

第十條　支配人以下ノ役員ハ社長取締役ニ於テ撰挙スルヲ得ヘシ尤モ此社役員ハ適任ノモノナレハ株主ニ

アラサルモ妨ケナシ

第十一條　社長取締役ハ上任ノ席ニ於テ誓詞ヲ認メ凡テ會社ノ為メ焦心努力苟モ信ヲ公衆ニ失シ此社ノ栄誉ニ関スルカ如キ軽挙ナク若シ是ニ背ク時ハ規則ノ過怠金又ハ衆議ニテ決シタル過怠金ヲ出スヘキ旨ヲ盟ヒ慥ナル請人貳人以上ヲ立ツヘシ亦支配人以下ノ役員タリト雖トモ右同断誓詞ヲ認メ万一過怠金等本人ニ於テ償フ能ハサルトキハ請人ニ於テ弁償スヘキ旨ヲ保証セシムヘシ

第四章　役員並同権限之事

第十二條　此社ノ役員ト称スル者左ノ如シ

取締役　五人

内

社長　一人

議員　八人

支配人　一人

醸造掛　二人

書記方

勘定方

給使

第十三條　役員職務権限左ノ如シ

社長

社長ハ萬般ノ事務ヲ統括總判シ支配人以下ノ役員ヲ黜陟スルノ権ヲ有シ定式亦ハ臨時會ノ席ニ於テ議

長トナリ議事ノ判決スルヲ得ヘシ

取締役

取締役ハ支配人以下役員ノ勤惰ヲ視察シ或ハ會社事務ノ便否得失ニ周慮注目シ意見アレハ之ヲ社長ニ陳述シ進退亦ハ取捨スルヲ乞フヲ得ヘシ且社長事故アルトキハ其一人ヲ抜擢シテ其事務ヲ代理スルヲ得ヘシ然レトモ自カラ諸役員ヲ黜陟スルノ権ナキモノトス

議員

議員ハ毎月一度若シクハ臨時社長ノ召喚ニ応シテ會社ニ来會シ社長及取締役ノ議案ニ就テ之ヲ議定スヘシ

支配人

支配人ハ社長取締役ノ指揮ヲ受ケ本社一般ノ事務ヲ負擔調理スヘシ然レトモ実地其事務ニ就テ利害得失アルトキハ社長取締役ヘ弁明シ他日ノ考証ニ供スヘシ

醸造掛

醸造掛ハ社長取締役ノ指揮ヲ受ケ醸造及ヒ栽培ノ事業ヲ調整スヘシ

書記

總テ社長支配人ノ指揮ヲ受ケ諸伺届書等並手翰ノ往復其他一切ノ書記ヲ掌トル

勘定方

社長支配人ノ指揮ヲ受ケ一切ノ出納ヲ負擔シ諸帳簿及ヒ出納明細表ヲ調整スルヲ掌ル

給使

給使ハ定務ナシ常ニ社長以下各員ノ指揮ヲ受ケ内外雑務ヲ掌ル

第五章　會議之事

第十四條　會議ヲ別ツテ定式總會臨時總會月次會ノ三種トス

第十五條　定式總會ハ毎年二月十五日八月十五日本社ニ於テ開クヘシ
　但シ社長取締役議員ノ撰挙ハ年々二月十五日ノ總會ニ於テ之ヲ挙行スヘシ

第十六條　臨時總會ハ其開會スヘキ事アル毎ニ社長ヨリ其期日及ヒ事由ヲ株主一同ニ報告シテ参會ヲ乞フヘシ

第十七條　月次會ハ此社ノ失敗ナカラン為メ諸役員及議員ヲ會同シ毎月第二日曜日ヲ以テ開同シ會社営業上ノ得失ヲ論定スヘシ

第十八條　定式臨時両總會ノ別ナク其當日議事ヲ開クハ本日出頭スヘキ人員ニ依ラス其株数ノ半ヲ過ルトキハ不参遅参ヲ待タス議事ヲ始ムヘシ
　但シ月次會總會ノ外臨時會ト雖トモ前法ニ倣ヒ其會スヘキ人員中株高ノ半ヲ超ルトキハ議事ヲ行フヘシ

第十九條　會議ノ決ヲ取ルハ總テ同意者ノ多数ニ決スヘシ若シ同論相半スル時ハ議長之ヲ判定スヘシ

第二十條　凡テ會議ニ於テ決定シタル事項ハ遅参不参亦ハ列席同意外ノ者ト雖モ前條ノ法ニ依リ決スルモノハ後日ニ是ヲ異議スルヲ得可ラス

第二十一條　決議ノ事項ハ勿論社長取締役ニ於テ施行シタル事項遺漏ナク活版或ハ模写シテ各株主一同ニ分頒シ且其適用ヲ抜抄シ新聞其他ノ手続ヲ以テ世上ニ広告スヘシ

第六章　営業之事

第二十二條　本社ハ葡萄酒醸造及ヒ葡萄栽培ヲ事務トス

第二十三条　葡萄栽培試験場ヲ設置シ専ラ栽培の得失ヲ実験シテ其良法ヲ広告スヘシ
第二十四条　荒蕪不毛ノ原野ヲ購求開墾シ内外葡萄ノ栽培ヲ繁殖隆興スヘシ
第二十五条　葡萄栽培ニ志アリト雖トモ資金乏シクシテ其事業ヲ不得者ハ本社ヘ申出次第相当ノ抵当ヲ為指出資金ヲ貸付スヘシ
第二十六条　會社ノ金員ハ社長ノ承認ヲ得ルコトアサレハ仮令些少ナリトモ雖トモ出納スルヲ得ス
第二十七条　当會社ノ總勘定ハ毎年二月八月両度ニ損益ノ正算ヲナシ其總益金高ヨリ請払高則チ本社ノ経費諸雑費ヲ引去リ残高ノ内ヨリ亦一分五厘ヲ引去リ内一分ヲ以テ豫備トシ五厘ヲ諸役員慰労賞与トナシ残リ八分五厘ヲ以テ純益金トナシ總株主ヘ分配スヘシ
第二十八条　豫備金ハ會社非常罹難ノ費ニ備フルモノナレハ容易ニ支出スヘカラス亦資本金ト混同スヘカラス
第二十九条　株主ニ於テ會社ノ諸簿冊ヲ一覧セント望ムトキハ何時ニテモ掛リ役員立會一覧ヲ得サシムヘシ

第七章　株式売買譲与之事

第三十条　社中ノ者所持ノ株式ヲ他人ニ賣渡シ亦ハ譲渡シ質入等勝手タルヘシト雖トモ總テ會社ニ申出社長取締役ノ承認ヲ得ヘシ若シ手続ヲ経スシテ私約ヲ結ヒ他日如何様ノ紛議ヲ生スルモ無効ノ定約ト見做シ純益金分配等渾ヲ株券ノ名前主ニ附与スヘシ
第三十一条　株式ヲ買受譲リ受ケタル者ハ會社ノ株主ナレハ利益割其他取扱向一切新古ノ別アルヘカラス
第三十二条　株主其株式ヲ他人ニ売渡シ亦ハ譲リ渡ストキハ會社ノ豫備蓄積金共悉ク買請主譲与ノ際ニ於テ真價ヲ低昂スルハ各自ノ勝手タルヘシ

第八章　営業年限之事

第三十三條　此會社営業ノ期限ハ創業ノ日ヨリ満五十年間タルヘシ尤モ社中決議ニ依リ継続スルコトアリヘシ

第九章　怠惰之事

第三十四條　諸役員タル者ハ各々提掌ノ職務ヲ固守シ聊モ私慾ノ所業等アルヘカラス若シ之アルトキハ衆議ニ於テ決シタル過怠料亦ハ臨時衆議ニテ決シタル過怠金ヲ出サシムヘシ

第三十五條　金銀取扱上ニ於テ不足ヲ生スルカ亦ハ記簿踈忽等ノ簾ニ依リ社中ノ損失トナルトキハ取扱者分明ナルハ其人ヲシテ之ヲ償ハシムヘシ若取扱者不分明ニ帰スル時ハ社長ニ於テ弁償シ決シテ否ナム能ハサルヘシ

第十章　會社規則改定之事

第三十六條　會社ノ資本株高ヲ増加スルハ社中決議ノ上取極ムヘシ

第三十七條　此規則ハ実施上ノ利害損失ニ因リ改正増補スルヲ得ヘシ然レトモ株主ノ決議ヲ以テ県庁ヘ届出テ然ル后実地ニ施行スヘシ

右之通確定候事

4　発起人

高野正誠の『葡萄酒会社　波毘多女』[1]には「本社ノ義ハ明治十年十月当村雨宮彦兵ヱ内田作右ヱ門高野正誠土屋助次郎外拾三名」とある。この四人ほか十三名の発起人と、『葡萄酒會社規則』[2]（勝沼町保管文書K―69）に発起人の十三名とでは、人物が異なる。おそらく会社草創期の発起人と正式に会社が発足した時の発起人とでは意味が違う可能性がある。後者の発起人はいずれも峡東地域の豪農や資産家で、藤村県令としても声をかけやすい人たちと思われる。

なんと明治十三年一月二十六日の日誌（歴０４９７）に選挙によって、選ばれた取締と議員は、この十三名と一致する。その発起人十三名は以下の通りである。

祝村　高野積成　雨宮作左衛門
錦村　網野善右衛門
八幡村　中澤仁兵衛
日下部村　依田道長
日川村　小野七郎右衛門　初鹿野市右衛門
甲府　若尾逸平
南八代村　加賀美平八郎
日川村　志村勘兵衛

祝村　　内田作右衛門　雨宮彦兵衛
一櫻村　　雨宮廣光

発起人に宮崎市左衛門、土屋勝右衛門、髙野正誠、土屋助次朗は含まれていない、髙野は渡航前の明治十年十月三日に金五〇〇円を出資しているが、発起人名簿にはない。宮崎市左衛門は『大日本洋酒罐詰沿革史』[3]や『東八代郡誌』[4]などでは、会社設立を主導したように書かれているが、発起人名簿にはない。ただ『明治十二年葡萄買入帳』（歴０３４５）によれば、取引高が多く、株券四枚を保有する大株主である。土屋勝右衛門は発起人名簿になく、取締にも選ばれていないが、明治十四年一月一日の株券発行時には取締に名を連ねている。[5]当初株券を七枚保有し、翌年には五枚に変更している。

解散については後述するが、この十三人に土屋勝右衛門を加えた人たちが解散に至るまで主導権を掌握していたものと思われる。

註

1　髙野正興家資料　甲州市教育委員会で解読している。
2　勝沼町保管文書とは、勝沼町時代に葡萄・葡萄酒関係資料を収集・コピーした資料群である。
3　『大日本洋酒罐詰沿革史』一九一五（大正四年）の時点で、情報に齟齬が生まれている。
4　山梨県教育会東八代支会（一九一四）『東八代郡誌』
5　葡萄酒會社規則第五條と関係するものと思われる。

5　大日本山梨葡萄酒会社の株主名簿について

今回、株主名簿について比較できる史料がようやくまとまってきた。仮に番号を伏すと、史料1は上野晴朗氏が『山梨のワイン発達史』に掲載した株主名簿で七十二名が掲載されているが、三名が重複なので六十九名の名簿である。上野氏がどの資料からこれを転載したのかは不明である。極力探してきたが未だに不明の状態である。三人重複なのは転記ミスと思われる。全体で七十二名と県立博物館（歴０００９）の発起人名簿は表紙が欠けていて、発起人か株主名簿か判断がつかないことは湯澤規子氏も指摘しているが、この名称を踏襲する。これを史料2とする。

次に『葡萄酒潤益配賦簿』（歴００２９）は、明治十五年と年次も明白で、ここに株主の名前と株券数が朱書きであるが、これがないものもあるが、前後関係から判断できる。これを史料4とする。さらに今回髙野正興家から提供された『葡萄酒会社　波㐂多女』という史料は、明治十四年のもので、髙野正誠の備忘録の一環として記述されたもので、大日本山梨葡萄酒会社に関わるこれまで知られていなかった貴重な記録である。これを史料3とする。

史料1と史料2は、大日本葡萄酒会社の草創期のころの株主や発起人の名簿と推定できるが、やはり、比較検討は持株数と名簿の比較が重要になると思われる。

史料3の中の「履歴書」によれば、

本社ノ義ハ明治十年十月当村雨宮彦兵ヱ内田作右ヱ門髙野正誠土屋助次郎外拾三名ノ発起人ニシテ洋行費

三千円ヲ募リ正誠助次郎両員ヲ佛国ニ航セシメ葡萄栽培ノ肇ヨリ葡萄酒醸造ノ技術ヲ卒ヘ明治十二年五月帰朝セリ

とあり、雨宮彦兵ヱ、内田作右ヱ門、髙野正誠、土屋助次朗のほか十三名が発起人となったという。おそらく三株以上の十七名が発起人で、続けて、

就中漸々有志者ノ賛成アリ尚此業ヲ盛大サント十三年二月本縣雨宮廣光及ヒ加賀美初鹿野志邨中澤栗原若尾等ト計リ外五十一名ニテ金貳万円ノ資本ヲ募リ則チ一社ノ法方ヲ設ケタリ

とあるので、明治十三年に雨宮廣光、加賀美、初鹿野、志村、中澤、栗原、若尾等を加えた五十一名にて、資本金二万円を募って会社を設立し、株券を明治十四年の一月一日に発行したのである。まず、渡航費を集めるために仮の葡萄酒醸造会社を設立したと思われる。

髙野正誠がこの会社の仮社長の内田作右衛門、雨宮彦兵衛あてに金五〇〇円を納入したのが明治十年十月三日（髙野家資料　證　明治十年十月三日）であるので、仮会社の設立年月日は明治十年十月三日頃で、正式な発足は明治十三年一月二十六日（歴０４９７）である。髙野は三日に設立資金を納入して、十日には横浜からフランスに向けて出発したのである。

株主名簿については、この史料1〜4の一覧表を記載順に表記した。分析には語順で並べる必要があるが、ここでは資料のままとした。すでに明治十四年と十五年では株主の変動がある。株主の移り変わるのは常識的なことで、現在でも常に株主は変動している。この変動が会社の動向と株主の会社経営に関する考えを反映している。

史料3では七十五名であったのが、史料4では七十二名に落ち着く。当然三人減ったことになるが、問題は複雑で、明治十五年に新規加入者がいるのであるが、新規加入者の株券が未確認なのは残念なことである。問題は土屋勝右衛門（土屋助次朗の父）が当初七株と髙野と同数であったのが、明治十五年の段階では五株に減らしている点が、何か会社の複雑な動向を推測させる。

『大日本山梨葡萄酒会社株券状』（歴０９０５）には株券状四十二枚、ワインラベル四枚とはがき一通が一括されている。この中に裏書のあるものは、株が売買されたものである。髙野正誠は当初七株であったが、途中買い足して最終的には十株となっている。髙野は明治十五年九月十五日に第一一七号の鈴木五左衛門の所有券を買い取っている。これは『葡萄酒会社　波㐂多女』の「書簡」によると、未納分を買い取ったのである。また、明治十六年九月三十日には内田四郎兵衛所有の第七六号、七七号の二枚を買い取っている。資本金一万五〇〇〇とあるが、未納金もあったのである。

そもそも株主というものは、常時変化しているのが通常の状態であり、なかなか確定できないが、明治十八年八月の会社の解散に伴う分配一覧の『葡萄酒会社解散分配帳株主捴代員』（歴００３０）を史料5とする。これは明治十八年なので最終的な株主である。

よって株主は史料4の明治十五年と史料5の明治十八年の名簿が確定できるが、他の史料では未納金の株などがあり、株主の確定はこの史料4、5のみである。

6 株主名簿1〜5

史料1　株主名簿（上野一九七七、51頁）

番号	氏名	番号	氏名	番号	氏名	番号	氏名
1	依田道長	2	渡辺信	3	鈴木小左衛門	4	若尾逸平
5	大村忠兵衛	6	宮崎市左衛門	7	内田四郎兵衛	8	雨宮弥右衛門
9	高野積成	10	小野元兵衛	11	小池忠右衛門	12	深沢養常
13	三森幸七	14	雨宮広光	15	初鹿野市右衛門	16	田村与左衛門
17	土屋勝右衛門	18	宮川浅	19	鈴木重兵衛	20	石原四郎
21	標肇	22	野沢半	23	風間重喜	24	土屋半甫
25	鈴木彦甫	26	萩原繁吉	27	川崎吟平	28	三枝行証
29	松本喜録	30	野沢治兵衛	31	永田周吉	32	川崎善左衛門
33	金子団右衛門	34	平原礼口	35	広瀬慶次郎	36	加賀美東一郎
37	上野豊平	38	志村亮平	39	佐竹作太郎	40	新海幸五郎
41	岩間審是	42	内田孫路右衛門	43	三椚市右衛門	44	鈴木新右衛門

45	吉野市兵衛	46	堀田藤右衛門	47	渡辺安右衛門	48	風間懐慧
49	田辺七兵衛	50	大森嘉四郎	51	広瀬久光	52	小沢文平
53	網野善右衛門	54	里吉安右衛門	55	菊島伊兵衛	56	奥山栄寿
57	雨宮仲右衛門	58	鈴木五左衛門	59	志村勘兵衛	60	栗原信近
61	深沢安常	62	内田新兵衛	63	藤村紫明	64	雨宮善治
65	雨宮彦兵衛	66	鈴木重兵衛	67	田村文左衛門	68	広瀬鶴五郎
69	長田周吉	70	渡辺安右衛門	71	武藤佐兵衛	72	三森幸七

※13と72の三森幸七、19と66の鈴木重兵衛、47と70の渡辺安右衛門が重複しているので69名となる。

❐史料2　発起人名簿（歴0009）

番号	所在地	氏名			
1	東八代郡祝村	雨宮彦兵衛	2	同郡同村	内田作右エ門
3	同郡同村	土屋勝右エ門	4	同郡同村	髙野正誠
5	同郡一櫻村	雨宮廣光	6	西山梨郡甲府常盤町	藤村狐狸馬
7	東山梨郡日川村	初鹿野市右エ門	8	東八代郡祝村	宮崎市左エ門
9	西山梨郡甲府緑町	里吉安右エ門	10	東山梨郡八幡村	中澤仁兵衛
11	東八代郡祝村	髙野積成	12	東八代郡南八代村	加々美平八郎

13	東山梨郡日川村	志村勘兵衛
15	東八代郡祝村	鈴木重兵衛
17	東八代郡祝村	雨宮彌右エ門
19	東八代郡祝村	志村市兵衛
21	東八代郡錦村	網野善右エ門
23	東山梨郡勝沼村	萩原繁吉
25	東山梨郡日下部村	依田道長
27	西山梨郡甲府横近習町	大木喬命
29	西山梨郡甲府三日町	菊島伊兵衛
31	東八代郡祝村	川崎善左エ門
33	東八代郡祝村	雨宮八右エ門
35	東山梨郡日川村	松本喜六
37	西八代郡市川大門村	渡辺信
39	東八代郡祝村	鈴木彦甫
41	東八代郡南八代村	大森嘉四郎
43	東八代郡相興村	金子團右エ門
45	東山梨郡岡部村	標肇
47	同郡同村	三枝行証

14	東山梨郡七里村	廣瀬久光
16	東八代郡英村	岩間審是
18	西山梨郡甲府山田町	若尾逸平
20	東八代郡祝村	内田庄兵衛
22	東八代郡錦村	小澤文平
24	東八代郡南八代村	加々美東一郎
26	東八代郡祝村	雨宮沖右エ門
28	東八代郡祝村	武藤佐兵衛
30	東八代郡祝村	田村文左エ門
32	西山梨郡甲府山田町	廣瀬慶次良
34	東八代郡国立村	深山元四良
36	東山梨郡国立村	野澤半
38	東八代郡祝村	鈴木小左エ門
40	東山梨郡日川村	小野元兵衛
42	中巨摩郡玉幡村	新海幸五良
44	東八代郡相興村	降矢徳義
46	東八代郡祝村	大村忠兵衛
48	東山梨郡加納岩村	和田彌次兵衛

番号	住所	氏名	番号	住所	氏名
49	西山梨郡甲府常盤町	佐竹作太良	50	東山梨郡加納岩村	奥山七良右エ門
51	東八代郡一櫻村	志村亮平	52	東八代郡相興村	廣瀬鶴五良
53	東八代郡下墨（ママ）駒村	雨宮庄兵衛	54	西山梨郡甲府緑町	平原庄兵衛
55	東八代郡錦村	上野豊平	56	東八代郡祝村	渡邊安右エ門
57	同郡同村	雨宮善治	58	東山梨郡加納岩村	奥山榮壽
59	東八代郡祝村	雨宮作左エ門	60	同郡下墨（ママ）駒村	永田周吉
61	東八代郡祝村	渡邊武右エ門	62	同郡御代咲村	古屋英光
63	東山梨郡菱山村	三森幸七	64	東八代郡相興村	野澤次兵衛
65	東山梨郡七里村	田邊七兵衛	66	東山梨郡七里村	風間懐慧
67	北巨摩郡河原辺村	小野金六	68	東八代郡石倉村	橘田佐甫
69	西山梨郡甲府泉町	平原仁兵衛	70	横濱本町四丁目	若尾幾造
71	東山梨郡小佐手村	近藤永真	72	東山梨郡松里村	久（祝村住）保田彌吉

※表紙がないのでタイトル不明だが、株主名簿が適切であろうと思われる。

❐史料3　葡萄酒会社　波㐂多女　葡萄酒会社株金録

番号	株数	氏名	番号	株数	氏名	番号	株数	氏名
1	10株	雨宮彦兵エ	2	10株	内田作右エ門	3	7株	土屋勝右エ門
4	7株	髙野正誠	5	5株	雨宮廣光	6	4株	宮崎市左エ門
7	3株	中澤仁兵衛	8	3株	加賀美平八郎	9	5株	初鹿野市右エ門
10	3株	志村勘兵衛	11	3株	髙野積成	12	3株	廣瀬久光
13	4株	里吉安右ヱ門	14	3株	栗原信近	15	5株	藤村紫朗
16	2株	小野七郎右ヱ門	17	2株	加賀美伊左エ門	18	2株	網野善右エ門
19	2株	内田庄兵衛	20	2株	志村市兵衛	21	2株	土屋半甫
22	2株	雨宮彌右ヱ門	23	2株	鈴木重兵衛	24	2株	内田四郎兵衛
25	1株	雨宮沖右ヱ門	26	1株	武藤佐兵衛	27	1株	鈴木小左衛門
28	1株	田村文左ヱ門	29	1株	鈴木五左エ門	30	2株	小澤文平
31	1株	長田周吉	32	1株	雨宮庄兵衛	33	1株	上野豊平
34	1株	三枝行証	35	2株	小池佐甫	36	2株	萩原繁吉
37	1株	深沢粮常	38	1株	奥山七郎右エ門	39	1株	和田彌次兵衛
40	1株	志村亮平	41	1株	金子圓右エ門	42	1株	野沢治兵衛
43	1株	古屋徳義	44	1株	小野元兵衛	45	1株	三森幸七

番号	株数	氏名
46	1株	田邉七兵衛
47	1株	風間懐慧
48	2株	依田道長
49	1株	松本喜録
50	1株	大森嘉四郎
51	1株	標肇
52	1株	野澤半
53	1株	風間重吉
54	1株	広瀬慶次郎
55	1株	川崎善左ヱ門
56	1株	武川孫左ヱ門
57	1株	雨宮善治
58	1株	古屋英光
59	1株	渡邉武右ヱ門
60	1株	石原四郎
61	1株	渡邉安右ヱ門
62	1株	大村忠兵衛
63	1株	雨宮作左ヱ門
64	1株	奥山榮壽
65	1株	小田川彌兵衛
66	1株	平原庄兵衛
67	1株	横澤伊兵衛
68	2株	若尾逸平
69	1株	大木喬命
70	1株	渡邉信
71	2株	岩間審是
72	1株	新海孝五郎
73	1株	佐竹作太郎
74	1株	雨宮八右ヱ門
75	1株	鈴木彦甫

〆　７５名　株数１５０也
金高１５０００圓也
明治14年4月17日

※数字はアラビア数字に変更、同、仝も数字に改めた。
※株券数があるので重要。

❐史料4　明治十五年八月　葡萄酒潤益配賦簿（歴0029）

番号	氏名	株数	番号	氏名	株数	番号	氏名	株数
1	雨宮彦兵衛	10	2	内田作右衛門	10	3	高野正誠	7
4	土屋勝右衛門	5	5	雨宮廣光	5	6	藤村紫朗	5
7	初鹿野市右衛門	5	8	宮崎市左衛門	4	9	里吉安右衛門	4
10	中澤仁兵衛	5	11	高野積成	3	12	加々美平八郎	3
13	志村勘兵衛	5	14	内田四郎兵衛	2	15	岩間審是	2
16	雨宮弥右衛門	2	17	若尾逸平	2	18	土屋半助	2
19	志村市兵衛	2	20	内田庄兵衛	2	21	網野善右衛門	2
22	小澤文平	2	23	萩原繁吉	2	24	小池忠衛門	2
25	小野金六	2	26	加々美東一郎	2	27	依田道長	2
28	雨宮沖右衛門		29	大木喬命		30	武藤佐兵衛	
31	菊島伊兵衛		32	田村文左衛門		33	川崎善左衛門	
34	廣瀬慶次朗		35	雨宮八右衛門	1	36	深山彦四郎	
37	松本喜禄		38	鈴木五左衛門		39	渡辺信	1
40	鈴木小左衛門	1	41	鈴木彦助		42	小野元兵衛	
43	大森嘉四郎	1	44	新海幸五良	1	45	金子団右衛門	1

46	降矢徳義	1	47	標肇	1	48	大村忠兵衛	1
49	三枝行証	1	50	深澤養常		51	和田弥次兵衛	1
52	佐竹作太良	1	53	奥山七良右衛門	1	54	廣セ鶴五郎	1
55	雨宮庄兵衛	1	56	平原庄兵衛	1	57	上野豊平	1
58	渡邉安右衛門	1	59	雨宮善次	1	60	奥山栄寿	1
61	雨宮作左衛門	1	62	永田周吉	1	63	渡邉武右衛門	1
64	古屋英光	1	65	三森幸七	1	66	野澤作兵衛	1
67	田辺七兵衛	1	68	風間懐慧	1	69	志村亮平	3
70	廣セ久光	3	71	鈴木重兵衛	2	72	野澤半	

※株券数があり、変化が認められる。

史料5　明治十八年八月十二日ヨリ葡萄酒会社解散分配帳株主捴代員（歴0030）

番号	氏名						
1	雨宮彦兵衛	2	髙野正誠	3	土屋勝右衛門	4	萩原繁吉
5	雨宮廣光	6	雨宮沖衛門	7	藤村紫朗	8	大木喬命
9	宮崎市左衛門	10	菊嶋伊平	11	中澤仁兵衛	12	川崎善右衛門
13	髙野積成	14	廣瀬雈次郎	15	内田四郎兵衛	16	松本㐂録

17 雨宮孫左衛門	18 野澤半	19 網野善右衛門	20 渡辺信
21 加々美東一郎	22 小野元兵ヱ	23 依田道長	24 新海幸五郎
25 武藤佐兵衛	26 金子團右衛門	27 雨宮八左衛門	28 標肇
29 鈴木小左衛門	30 佐竹佐太郎	31 鈴木彦甫	32 奥山栄寿
33 大森嘉四郎	34 志村亮平	35 降矢徳義	36 平原庄兵
37 大村次作	38 上野豊平	39 三枝行証	40 石原善次
41 奥山七郎兵衛	42 田辺七兵ヱ	43 廣セ靏五郎	44 風間懐慧
45 雨宮庄兵衛	46 小野金六	47 渡辺安兵衛	48 橘田作事
49 奥山栄寿	50 近藤永真	51 雨宮作左衛門	52 久保田孫衛門
53 永田周吉	54 芦澤壱平	55 渡辺武衛門	56 平原仁兵ヱ
57 古屋英光	58 若尾幾造	59 鈴木重兵衛	60 初鹿野市衛門
61 里吉安右衛門	62 加々美平八郎	63 志村勘兵ヱ	64 廣瀬久光
65 岩間審是	66 若尾逸平	67 志村市兵ヱ	68 内田庄兵ヱ
69 小沢文平			

※最終的な株主名簿と思われる。

7 株券

大日本山梨葡萄酒会社の株券は、県立博物館葡萄酒会社関係資料一括、宮光園資料、髙野家資料などにあり、裏書のあるもの及び領収書のあるものは、売買されたもので、明治十五年から十八年に及ぶ。会社が明治十六年に解散が決定されてから、十九年に実際に解散になるまでの間も、株券の取り引きは継続しており、途中で解散分配に伴う醸造も認められる。日付が空白の部分は明治十四年一月一日。

番号	氏名	日付	買譲請氏名	資料
6	雨宮彦兵衛	明治十七年七月十五日	平原仁兵エ	歴0905　0086
7	雨宮彦兵衛	明治十七年七月十五日	平原仁兵エ	歴0905　0086
8	雨宮彦兵衛	明治十七年七月十五日	平原仁兵エ	歴0905　0086
9	雨宮彦兵衛	明治十七年七月十五日	平原仁兵エ	歴0905　0086
10	雨宮彦兵衛	明治十七年七月十五日	平原仁兵エ	歴0905　0086
11	内田作右衛門	明治十六年十月二十五日	若尾幾造	歴0084
12	内田作右衛門	明治十六年十月二十五日	若尾幾造	歴0084
13	内田作右衛門	明治十六年十月二十五日	若尾幾造	歴0084
14	内田作右衛門	明治十六年十月二十五日	若尾幾造	歴0084

15	内田作右衛門	明治十六年十月二十五日	若尾幾造	歴0084
16	内田作右衛門	明治十六年十月二十五日	若尾幾造	歴0084
17	内田作右衛門	明治十六年十月二十五日	若尾幾造	歴0084
18	内田作右衛門	明治十六年十月二十五日	若尾幾造	歴0084
19	内田作右衛門 内田松次郎代	明治十八年五月二十八日	芦沢太兵エ	歴0905
20	内田作右衛門 内田松次郎代	明治十八年五月二十八日	芦沢太兵エ	歴0905
21	土屋勝右衛門	明治十五年三月五日	中澤仁兵エ	歴0078
22	土屋勝右衛門	明治十五年三月五日	中澤仁兵エ	歴0078
28	高野正誠			高野正興家資料
29	高野正誠			高野正興家資料
30	高野正誠			高野正興家資料
31	高野正誠			高野正興家資料
32	高野正誠			高野正興家資料
33	高野正誠			高野正興家資料
34	高野正誠			高野正興家資料
45	初鹿野市右エ門			歴0905

46	初鹿野市右エ門			歴０９０５
47	初鹿野市右エ門			歴０９０５
48	初鹿野市右エ門			歴０９０５
49	初鹿野市右エ門			歴０９０５
50	宮崎市左エ門			宮光園資料Ｍ０６３４９
51	宮崎市左エ門			宮光園資料Ｍ０６３５０
?	宮崎市左エ門			宮光園資料Ｍ０７５３７（破損）
54	里吉安右衛門			歴０９０５
55	里吉安右衛門			歴０９０５
57	里吉安右衛門			歴０９０５
66	栗原信近	明治十五年二月十五日	志村亮平	歴０９０５
73	廣瀬久光			歴０９０５
74	廣瀬久光			歴０９０５
75	廣瀬久光			歴０９０５
76	内田四郎兵衛	明治十六年九月三十日	高野正誠	高野正興家資料
77	内田四郎兵衛	明治十六年九月三十日	高野正誠	高野正興家資料
82	雨宮彌右衛門			歴０９０５
83	雨宮彌右衛門			歴０９０５

86	土屋半助	明治十七年五月五日	久保田弥吉	歴００８９
87	土屋半助	明治十七年五月五日	久保田弥吉	歴００８９
88	志村市兵衛			メルシャンワイン資料館
90	内田庄右衛門			甲州文庫０１４４６
92	網野善右エ門			歴０９０５
93	網野善右エ門			歴０９０５
98	小池忠エ門	明治十五年九月三日	橘田佐甫	歴００８７
99	小池忠エ門	明治十五年九月三日	橘田佐甫	歴００８７
100	小野忠右エ門	明治十五年三月十五日	小野金六	歴００７７
101	小野忠右エ門	明治十五年三月十五日	小野金六	歴００７７
104	依田道長			歴０９０５
105	依田道長			歴０９０５
107	大木喬命			甲州文庫００３３８１
108	武藤佐兵衛			歴０９０５
117	鈴木五左衛門	明治十五年九月十五日	髙野正誠	髙野正興家資料
118	渡邊信			歴０９０５
124	金子開右エ門			歴０９０５
125	降矢義徳			歴０９０５

127	大村忠兵ェ			歴0905
129	志村亮平			歴0905
130	深沢養常	明治十七年五月九日	近藤永真	歴0088
131	和田彌兵次衛			歴0905
133	奥山七郎右ェ門			歴0905
134	志村亮平			歴0905
136	雨宮庄兵衛			歴0905
137	平原庄兵衛			歴0905
139	渡辺安右ェ門			歴0905
143	雨宮作右ェ門			歴0905
145	渡邊武右ェ門			歴0905
146	古屋英光			歴0905
147	小田川千太郎			歴0905
148	野澤治兵衛			歴0905

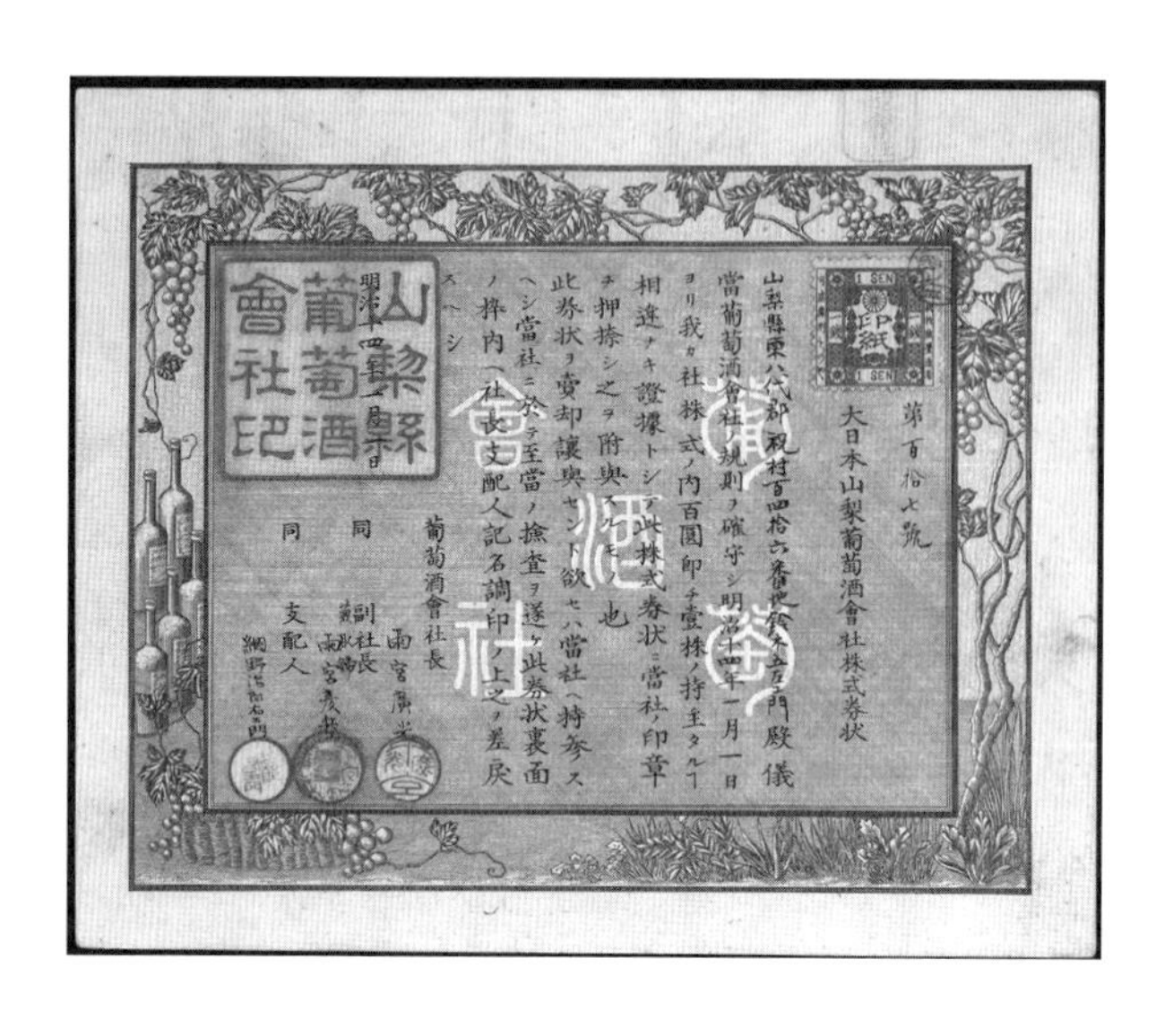
第百拾七號

大日本山梨葡萄酒會社株式券状

山梨縣東八代郡祝村百四拾六番地　殿 儀

當葡萄酒會社規則ヲ確守シ明治十四年一月一日ヨリ我カ社株式ノ内百圓卽チ壹株ノ持主タルヿ相違ナキ證據トシテ此株式券状ニ當社ノ印章ヲ押捺シ之ヲ附與スルモノ也

此券状ヲ賣却譲與セント欲セハ當社ヘ持参スヘシ當社ニ於テ至當ノ撿査ヲ遂ケ此券状裏面ノ枠内ヘ社長支配人記名調印ノ上之ヲ差戻スヘシ

明治十四年

山梨縣葡萄酒會社印

葡萄酒會社長 雨宮

副社長

支配人

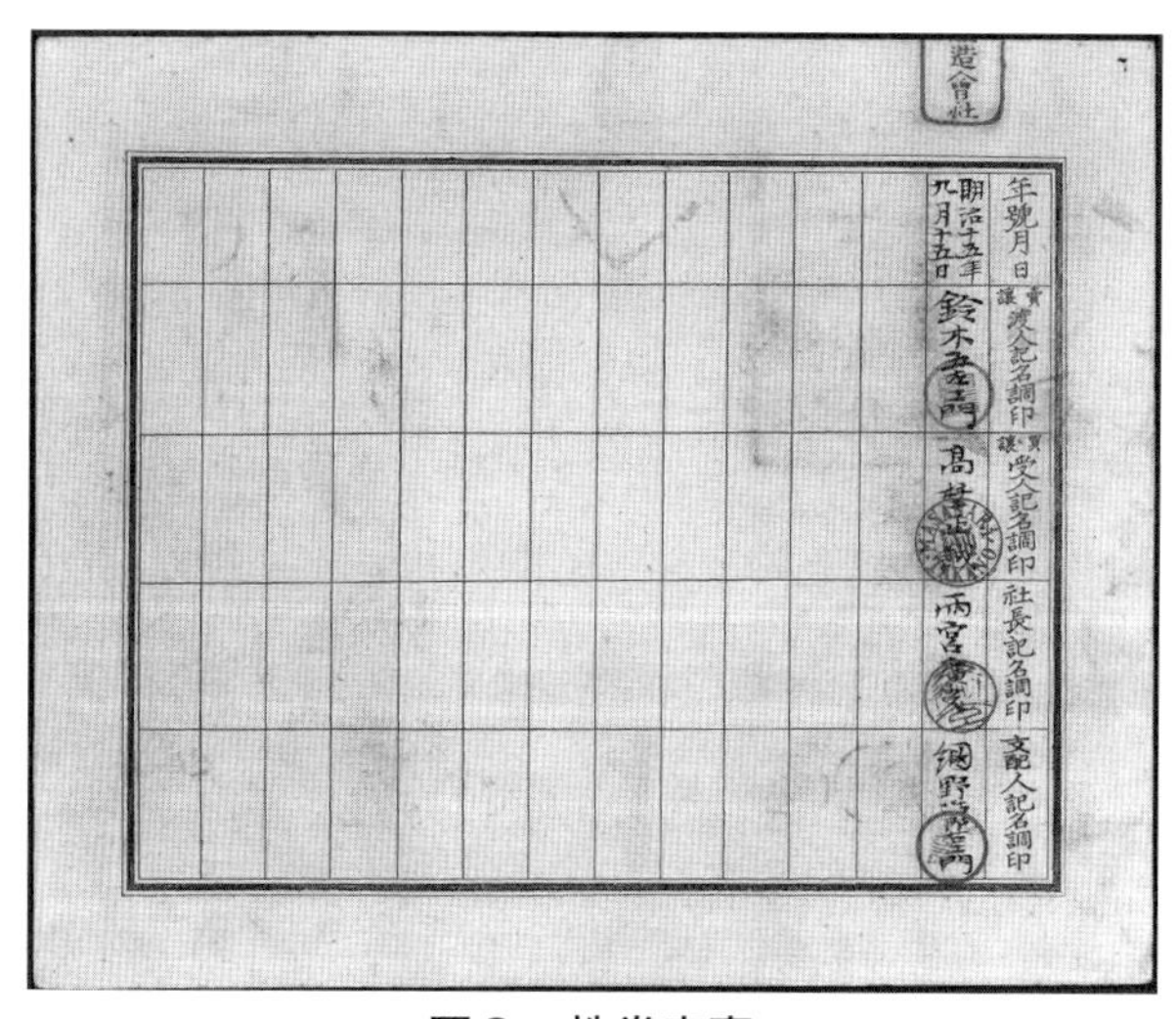
年號月日	明治十五年九月十五日
賣讓渡人記名調印	鈴木
買讓受人記名調印	髙
社長記名調印	雨宮
支配人記名調印	網野

図２　株券表裏

8　伝習の契機

『往復記録』129頁に、

我帝国ニ大藤君ノ有ルアリ抑前田公御存ノ上其発論相起シ県庁ヘ接タリ故ニ輩等今日ノ如ク成ルニ右ノ所以ナリ且前田先生ヨリモ御示言ニ曰ク渡航修学ノ為メ県ヨリ出ルコトハ則チ前田公御建白ニ倚リ旁御堅(ママ)察被為在御安休ノ程ヲ乞フ」

次に、『土屋合名會社沿革』(1)2〜3頁、

乃ち村人高野正誠と共に奮然其選に常る時會佛国郵船タナイス號横濱出航の期迫るを以て勧業課長福地氏と共に行李匆忙として途に上る縣の有志其行を壮とし穴水朝治郎田邉有栄林誾の三氏をして送りで東京に到らしむ着京するや直に松方正義前田正名の二氏を訪ふ二氏家兄等の行を喜び且戒めて曰く元来此事たるや夙に大久保内務卿品川彌二郎氏及余等の間に政府事業として起すの内義ありしも今や西南の砲火漸く鎮定し国事頗る多端の秋にして又斯業を顧みるに遑あらざらんとす故に君等の郷は往昔より葡萄の名産地たるを以て起業或は聊か容易なると君等に依るの事の捷徑なるとを思惟し藤村縣令に内命して之を謀らしめしなり

とある。県勧業課長の福地隆春が同行して、穴水朝次郎と田邉有栄と林闇も同行して、松方正義と前田正名を訪ねている。つまり県の幹部と県政界の有力者が同伴していることは、県を挙げての事業であったことを示している。そこで松方から言われた言葉が、大久保内務卿、品川彌二郎及び余等（松方正義、前田正名）の間で政府事業として計画していたというのである。そもそも政府事業として計画していたが、西南戦争等の影響で断念したというのである。

この伝習生派遣事業は、資金は民間で、政府（前田正名等）が伝習先などの諸事の事柄を世話したことになる。前田正名から藤村紫朗県令への働きかけがあったことは、『往復記録』から窺い知れる。藤村が祝村の有力者等に働きかけた史料は乏しく、時代も下った大正三年（一九一四）の『東八代郡誌』に見られる。働きかけがあったのは明治九年からである。それは雨宮彦兵衛の墓誌にも刻まれている。

藤村県令からの働きかけは、後に取締役十三人と議員五人であったと推定される。いずれも峡東地域の有力者である（本章1「大日本山梨葡萄酒会社の設立年月日」〈61頁〜〉参照）。

伝習生が二人ということは、恐らく前田正名の留学経験からの発想であると考えられ、髙野正誠と土屋助次朗が選ばれたのは、一つには、後に株券を七枚保有するほどの有力者であったことと、口伝では選抜試験があったという。

註

1　土屋喜市良（一九〇六）『土屋合名會社沿革』

9 解散年月日

上野晴朗氏は『山梨のワイン発達史』で依田家文書の「祝村葡萄酒会社総勘定残高調」の、

右ハ当社創業ヨリ解散迄之総勘定類別取調候処感情帳ト小訳帳共前書之通相違無之候也葡萄酒会社株主総代

を引用して解散の日を明治十九年十二月二十五日であるとしている。

そもそも、この会社は明治十二年から十六年までの五年間を暫定営業期間としていたことは、明治十二年九月二十二日付の『建家土蔵幷諸器具借請約定証書[1]』に借用期間が明記されていることから確定できる。大日本山梨葡萄酒会社は明治十三年一月二十六日に有志が祝学校にあつまり、正式に発足し、規則の修正をしていることが日誌（歴０４９７）より明らかになった。そして、明治十四年一月一日付で株券を発行している。この規則には営業期間が五十年と定められている。

さて、大日本山梨葡萄酒会社の解散の動きは『葡萄酒会社会議要録』（歴０５００）に詳しい。まず、明治十六年九月八日の株主総会の出席者三十六名によって、新取締役十人が選出され、社長と副社長が互選されたとあるが、氏名は不明である。新取締役は雨宮廣光、中沢仁兵衛、髙野正誠、依田道長、初鹿野市右衛門、加々美東一郎、廣瀬窪五郎、土屋勝右衛門、小野元兵衛、加々美平八郎である。設立時の顔ぶれと大きく変わってきている。

同年の九月八日の取締役会に於いて、醸造計画と販売価格が決定されている。次の明治十七年九月十八日の株主総会において、「存立ヲ欲スルモノ七名、廃止ヲ欲スルモノ二十二名」という結果になり、「解散処分ニ役事スル為株主総代五名ヲ公選シ、其互選ヲ以テ社長ヲ擧ゲ」とあり、いよいよ解散処分に向けて動き出している。この五名と社長が誰かについての記述はないが社長は引き続き雨宮廣光と思われる。

同年十月九日の株主総会では、在庫の葡萄酒を株主各自の株数に応じて分配することが決定された。その時の出席者は出席人　雨宮廣光、土屋勝右衛門、加賀美東一郎　外株主　初鹿野市右衛門、網野善右衛門、大森嘉四郎の六名である。

次に明治十七年十二月十四日に酒類の分配方法、貸金の処理の方法等と翌年二月に株主総会を開くことが決定されたが、株主総会は十八年五月五日に開かれ、網野次郎右衛門が退職して、後任に鈴木数弥が就任して、帳簿類と肝要の器具が日川村の興商社に預けられた。この興商社の社長が雨宮廣光である。山梨県立博物館の葡萄酒会社関係資料一括には、この興商社の帳簿も含まれている。続けて五月十一日に株主総会が開かれ、「七拾三石九斗五升　但シ紫葡萄酒拾壱石四斗　新造　〆テ八拾五石弐斗五升　右之酒類ヲ株主百四拾株ニ施当シ平均壱株ニ付六斗四ノ割」という記述があり、一株平均六斗四升の割ということとなった。また「新造」という記述があることから、この十七年中も葡萄酒を醸造した可能性が残る。さらに、當社副社長髙野正誠とあることから、この時髙野は副社長であったのである。そして、明治十八年一月十二日に株主総会が開かれ、「地所建物及ヒ器械雑品ノ目録」が作製されて、いよいよ解散の準備が整った。

そして、明治十九年十二月二十五日が解散の日と思われるが、『総勘定元帳』（歴０４９９）には明治二十年二月の記述もある。

註

1　上野晴朗（一九七七）『山梨のワイン発達史』６７頁に掲載、原本は未確認。

❐会社の役員

この大日本山梨葡萄酒会社の役員については、明治十三年一月二十六日に祝学校で開催された設立総会とも言うべきもので、正式に決定された。髙野・土屋が葡萄酒醸造と葡萄栽培を伝習するためにフランスへ旅立った時は、仮社長として雨宮彦兵衛と内田作右衛門の名が『往復記録』にたびたび登場する。

明治十三年一月二十六日に投票で決定された取締役は、雨宮彦兵衛、内田作右衛門、雨宮廣光、志村勘兵衛、加々美平八郎である。議員は網野善右衛門、初鹿野市右衛門、髙野積成、若尾逸平、雨宮作左衛門、小野七郎右衛門、中沢仁兵衛、依田道長である（歴0497）。社長の雨宮廣光は取締役の互選である。

さて、明治十四年一月一日発行の株券には、社長雨宮廣光、取締役内田作衛門、初鹿野市右衛門、雨宮彦兵衛、土屋勝右衛門が確認されるが、すべての株券ではないことは注意を要する。ただ初鹿野市右衛門は議員に選出された人物であり、土屋勝右衛門は設立総会の名簿にはない。この株券には支配人として網野次（治）郎右衛門の名がある。

明治十六年九月二日に総会が開かれ、新取締役が選出された。雨宮廣光、中沢仁兵衛、髙野正誠、初鹿野市右衛門、加々美東一郎、広瀬雀五郎、雨宮弥右衛門、小野元兵衛、加々美平八郎の各氏であり、社長・副社長は互選された（歴0500）。この時の社長は引き続き雨宮廣光が務め、副社長は明治十八年八月十一日の記録から、髙野正誠であったことが判明した（歴0500）。

明治十七年一月と二月にこの会社の葡萄酒醸造所（通称龍憲セラー）の土地建物を購入しているので（歴0452、0453）、会社継続の方向かと思われていたが、同年九月十八日の総会で存続が否決された（歴0500）。

なお、明治十八年五月五日に網野次郎右衛門が退職して、鈴木数弥が就任している（歴0500）。

第四章　往復記録

1 大日本山梨葡萄酒会社の研究史

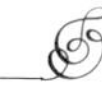

最も古い記録は『大日本洋酒罐詰沿革史』[1]であろう。僅か2頁の記録だが、実質的には1頁で、明治十二年から十五年に至る和種葡萄（甲州種）を原料とした石数が五二〇石九斗、明治十五年から十六年に至る洋種葡萄を原料とした石数が二八石四斗とある。昭和三十七年の『勝沼町誌』[2]では基礎資料がなく、『甲斐産葡萄酒沿革』[3]から抜粋し『大日本洋酒罐詰沿革史』の記述を援用している。

これが昭和五十二年の上野晴朗氏の『山梨のワイン発達史』[4]になると、「祝村葡萄酒会社の成立」という章を設けて、50~89頁に及ぶ紙面を割いている。必ずしも典拠資料が明らかでないものもあるが、成立、発展、解散の経緯などに触れているものである。この時発見されたばかりの『明治十年仝十一年往復記録』[5]も盛り込んだ初めての大日本山梨葡萄酒会社の社史である。

麻井宇介氏の『日本のワイン・誕生と揺籃時代』[6]は京都大学の有木純善教授解読の『明治十年仝十一年往復記録』も読み、時代背景を加味しながら、関連資料も読み込んで大日本山梨葡萄酒会社について、分析しているが、全体を表出した社史の形態はとっていない。

二〇一三年湯澤規子氏は「山梨県八代郡祝村における葡萄酒会社の設立と展開」を『歴史地理学』[7]に発表する。これは、山梨県立博物館に収蔵された「葡萄酒会社関係資料一括」の今まで知られていなかった豊富な資料を丹念に分析した大日本山梨葡萄酒会社史である。これほどまでに一次史料を分析した記述は、今までになかったものである。

初期葡萄酒会社の史料がこれほどまでに豊富に保存され、県立博物館に収蔵されたことは、「ワイン県・山梨」を自称する根拠となるものである。ただこの豊富な史料を見るにつけ、山梨県勧業試験場付属葡萄酒醸造所の史料がほとんど公文書で、全く史料に乏しいのが残念でならない。ただこの「葡萄酒会社関係資料一括」の中に、僅かながら勧業試験場との交流の記録があることは、新たな発見である。

註

1 朝比奈貞良編（一九一五）『大日本洋酒罐詰沿革史』
2 勝沼町（一九六二）『勝沼町誌』
3 甲斐産商店（一九〇三）『甲斐産葡萄酒沿革』一九二一に改訂版
4 上野晴朗（一九七七）『山梨のワイン発達史』
5 ワイン文化日本遺産協議会・甲州市（二〇二一）『明治十年全十一年往復記録』
6 麻井宇介（一九九二）『日本のワイン・誕生と揺籃時代』
7 湯澤規子（二〇一三）「山梨県八代郡祝村における葡萄酒会社の設立と展開」『歴史地理学』第二六五号

2　大日本山梨葡萄酒会社関係資料

大日本山梨葡萄酒会社関係資料は、非常によく残されている。土屋助次朗（正明・龍憲）著の『帰航船中日記[1]』と髙野正誠と土屋正明の共著の『葡萄栽培幷葡萄酒醸造範本[2]』は『勝沼町史料集成』昭和四十八年に収録されている。土屋正明著の『正明要録草稿[3]』の解読文は公開されていない。『明治十年全十一年往復記録』は昭和五十二年に京都大学の有木純善教授が解読され、その一部は麻井宇介氏の著作[4]に引用されている。また、上野晴朗氏の著作[5]にも引用されている。これらは、いずれも土屋龍二家所蔵で、現在メルシャンワイン資料館に保管展示されている。

この『往復記録』についての解読文が公開されていなかったので、甲州市教育員会で財団法人山梨文化財研究所に委託して、解読作業を進め、平成二十九年十二月から、勝沼図書館でこれをテキストに講座を開始した。ワインに関する技術的な部分をメルシャンワイン資料館長の上野昇氏にお尋ねしたところ、麻井宇介氏の資料がメルシャンの図書館に寄附され、その中に有木先生の原稿があることを知らされた。早速勝沼図書館の古屋美智留さんが有木先生に連絡を取り、原稿の活用についてご了解いただいた。甲州市教育委員会は有木先生の原稿を底本として、解読文の印刷刊行を計画した。そして、令和三年三月一日にワイン文化日本遺産協議会・甲州市で刊行した[6]。

山梨県立博物館に葡萄酒会社関係資料一括一一〇二点が収蔵されたことは画期的であった。上野晴朗氏も麻井宇介氏もこれほどまとまった資料を目にすることはなかった。なお、県立博物館にはその他関連資料がいくつか収蔵されている。髙野正誠資料は生家である髙野正興家に多く残っており、一部はぶどうの国文化館に展示されており、甲州市教育委員会で主要な部分は解読を進めた。メルシャンワイン資料館にも「盟約書之事」「誓約書」と土屋龍二家所蔵資料など貴重な資料が保管されている。

なお、甲州市教育委員会では、ブドウ栽培及びワイン醸造資料の整備を進めており、山梨県立博物館資料、髙野正興家資料などの解読作業を進めている。また、これらの道具類である登録有形民俗文化財は宮光園の白倉に展示されている。

註

1 『帰航船中日記』文字通り帰航中の日記であるが、予備欄に桂二郎などの名がある。

2 『葡萄栽培幷葡萄酒醸造範本』これは明治十一年五月廿五日に一旦葡萄栽培についてまとめたものに醸造に関する部分を付け加えたものである。

3 『正明要録草稿』はそのほとんどが前田正名の「三田育種場着手方法」を写したものであるが、農機具のスケッチがあり重要である。余白に個人的なメモもある。おそらく当初は一年間の伝習であったので、早急にまとめたものと思われる。

4 麻井宇介（一九九二）『日本のワイン・誕生と揺籃時代』

5 上野晴朗（一九七七）『山梨のワイン発達史』

6 ワイン文化日本遺産協議会・甲州市（二〇二一）『明治十年仝十一年往復記録』

3 出航年月日について

『往復記録』には横浜出航の日を明治十年十月九日としている。一九八五年に岩壁義光氏が「明治十一年巴里万国博覧会と日本の参同」[1]という論文のなかで、出典資料を明記しながら、九日出発としている。また、友田清彦氏は「明治初期の農業結社と大日本農会の創設(1)」[2]において、やはり出発の日を九日としている。

ところが、麻井宇介氏は当時の『横浜毎日新聞』などを丹念に調べて、出発の日を十月十日と確定した。その経緯については『日本のワイン・誕生と揺籃時代』の214〜216頁に詳しく述べられている。そのなかで、『往復記録』を解読した京都大学の有木純善氏は4点を挙げて九日説を説いている。しかしながら、それを踏まえながら祖田修氏は『前田正名』[3]で十日説を採用している。

二人が、葡萄酒醸造会社に提出した盟約書が十月四日で、誓約書[4]が八日である。タナイス号の出発の日は、祝村の地元に事前に知らされており、二人も八日またはそれ以前の出発の心づもりではいたと思われる。四日は祝村を出発する直前で、おそらくは、祝村で書かれ、八日は出発直前に書かれたものであろう。誓約書の方が具体性があり、この間の数々のプレッシャーに対応した文面でないかと思われる。

なお、タナイス号は出航したが、麻井氏の調査と文献から検討すれば、何かの要因で横浜港にとどまっていた可能性が考えられる。

明治十年十月四日の盟約書、同八日の誓約書と明治十三年五月十四日の誓詞[5]から、彼らの使命の大きさを推測することができる。

註

1　岩壁義光（一九八五）「明治十一年巴里万国博覧会と日本の参同」『神奈川県立博物館研究報告―人文科学―』第12号

2　友田清彦（二〇〇六）「明治初期の農業結社と大日本農会の創設(1)」『農村研究』102号

3　祖田修（一九八七）『前田正名』

4　盟約書、誓約書はメルシャンワイン資料館に保管されている。

5　誓詞は髙野正興家資料の『葡萄酒会社　波𨂻多女』に収録されている。

4 フランスでの厚遇

髙野正誠・土屋助次朗のフランスでの伝習はまず、トロワのバルテー植物園から始まる。『往復記録』10頁に、

御家内ヲ始メ万端厚ク御愛情有之候其
事タルヤ実ニ筆紙ニ尽シ難ク次第ナリ将タ又
両子ノ部屋并ニ飲食ノ如クモ甚タ好シ真以此
侭歳月ヲ閲スル義ナレバ安外不慮ノ僥倖ヲ
得タリ

とある。バルテー氏を始め、その奥様や従業員の方々も皆親切で、髙野・土屋の部屋も用意してあり、食事も甚だ好とある。フランスでの食事も彼らの口にあっていたのである。「不慮ノ僥倖ヲ得タリ」と感激している。

16頁に、

氏カ家内其里方へ趣キ大ニ饗応アル而已ナラズ

とあり、これはバルテー氏の奥様の実家で、大いに饗応され、「而已ナラズ」とは相当ワインで饗応されたことが想像される。

15頁に、

> 恰モ赤子ヲ愛伝スルガ如ク懇切ノ教導アレハナリ

とは、非常に懇切丁寧に教授してくれたことを表現している。
しかしながら、言葉が通じなくて大変苦労している。
55頁に、

> 未タ言語通セズ抑言語通セザレハ牛ノ如クシテ又唖ニ垂タリ況ヤ勉強ノ次第タルヤ恰モ豚児ノ業態ナリ然リ

それでも、150頁の『日誌』[1]の十月十五日の項に、

> 扨ジュポン氏ノ三男マルセルニ旁問質セシ処之ノ水液日増暖ヲ生ス故ニ今夜試ニテルモメットヲ以テ其液ヲ見ント我輩ヲ伴ヒ之レヲ試論セシ処若ノ十五度ナリ

これを見ると、言語が通じてる様子である。マルセルが何歳かは表記はないが、子供の方がコミュニケー

ション能力が高く、言葉が通じあっていたということであろうか。

註

1　『日誌』は髙野・土屋が一週間ごとに前田正名に提出したもので、有木純善先生の原稿の中にコピーがあり、『明治十年仝十一年往復記録』に収録した。

5 髙野・土屋のリアルタイム

『往復記録』を読めば、髙野・土屋が一週間ごとに実習録を前田に提出していたこと、また前田から日本にいる社中の人たちにも、どの程度の頻度で送っていたかは不明であるが、実習録を送っている。フランスに居る二人に向かって、社中が十項目にわたるブドウ栽培の質問も送っている。すでにこの時、フランスでは垣根作りであることを認知している。文章からその前に図面も送っているようである。

つまり、社中はブドウ栽培・ワイン醸造についても、髙野・土屋のレポートを輪読して、デスクワークの面では、ブドウ栽培及びワイン醸造について学習を完了していたことが窺える。あとは、二人の帰国を待って実習のみという状態であった。明治十年というと約百四十年以上前に、祝村の大日本山梨葡萄酒会社の社員が、リアルタイムに髙野・土屋と交信を行っていたなど思いもよらなかった。質問を現代語に直してみると次のようである。

92頁から、

一、フランスのブドウ畑について
　山付の場所か？　川辺の場所か？　平地か？
二、葡萄樹は雨にあわぬよう蓋をかけるか？
三、葡萄の幹の皮ははぎ取るのか？　または自然のままにしておくのか？
四、葡萄畑は鍬または鋤で深さ何寸まで耕すのか？　または干し草などを一面にブリマキ耕さないのか？

五、肥は葡萄幹の根本の周り広さ五、六尺の窪地に置くのか？　それより水肥をかけるのか？　または、幹根本から一丈六尺も離れて土を掘って施肥するのか？　または畑中一面に施肥するのか？
六、葡萄の栽培は高さ五、六尺に棚を架けるのか？　または棚は不要で前の図面のとおり、樹作りするのか？
七、蔓伐りはどのような文様にするのか？
八、新芽は枝一本に付き、何房くらいつけるのか？　元芽と末芽はかき取るのか？
九、苗は五尺以上に蔓を伸ばせば末芽を伐りとるのか？　またはそのまま伸ばしておくのか？
一〇、右の件の他にも注意すべきことがあれば知らせてほしい。

各地を巡幸した場合は、
①養蚕場の地勢
②穀類蔬菜の栽培法（ただし、それぞれの技術の用い方）
③製糸場と織物場の現状
以上を調べて通知してほしい。

髙野・土屋はこれらの質問に回答している。また文面からすでに図面等を送っていることも推測される。

6 洋行費

髙野正誠と土屋助次朗は明治十年十月十日に横浜港を出航し、同十二年五月八日に帰航した。その洋行費は二人で三〇三一円六銭四厘であった（歴００２３）。このうち県からの借用金一〇〇〇円は明治十四年九月十五日に利子三五二円五五銭五厘で皆済された（歴０４４７）。これに、フランス滞在中に三井物産からの借用金があり、三井物産への返済が滞ったので、前田正名から県勧業課に問い合わせがあり、明治十四年四月二十五日付で勧業課から社長の雨宮廣光に照会状が届いている（歴１０７５）。明治十四年九月十三日の三井物産からの書簡には利子を含めて六四円一七銭七厘とある（歴１０８９）。そうすると、総計三四四七円七九銭六厘である。ただ、県からの借用金の明治十年十月は、実際には明治十一年にフランスに送金されている。[1]

髙野・土屋両名の伝習の延長は、盟約書のとおり個人負担であるので、さらに経費は増大する。

ところで、同時期に洋行した桂二郎は、髙野と土屋にパリで会い、写真の交換をしている間柄である。桂が山梨県から農商務省に転出した折も、髙野・土屋は東京まで送って行き、浅草で写真撮影をしている。桂がフランス人ドクロンを祝村葡萄酒会社に案内した折も、髙野正誠が対応している。

桂の学資金に関する資料は山梨県には皆無で、学資金は国立公文書館文書の文書によく残されている。「山梨県雇桂二郎学資金御繰替渡ノ儀上申」[2]の記にあるように明治十一年九月から同十二年七月までの期間に洋行し、山梨県から二〇三四円を貸与されている。

なお、大日本山梨葡萄酒会社が渡航に際して県から一〇〇〇円を借用した折には、拝借人が内田作右衛門、雨宮彦兵衛で証人が土屋勝右衛門、受人が内田庄兵衛である。担保の土地は土地二町八反二畝八歩、金額が一九三二円七九銭一厘である（歴０４４７）。拝借金の書類に小拾帳を付け、土地所有者の髙野正誠、土屋勝右衛門・土屋助次朗の連名、宮崎市左衛門、志村市兵衛の反別と金額を明記している（歴０４４７）。髙野正誠は本人、土屋勝右衛門は助次朗の父であるが、取締役および議員にも選出されなかった宮崎市左衛門と志村市兵衛が負担に応じている点が注目される。[3] ほぼ同時期に東京葡萄酒会社山梨分社が同様に県から借用した折にも土地を担保としている。桂に関してはこのような資料は見当たらない。

註

1　『往復記録』９６頁、明治十一年五月十日の書簡。なお、新たに明治十年十月十五日付で、戸長の雨宮彦兵衛から県令藤村紫朗あての「拝借金ノ儀ニ付御願」が発見された。金額の右に「明治十年十月五日拝借金」とあるが、朱書の決済では明治十年十一月十六日である。

2　国立公文書館の文書はタイトルと文書の名称が必ずしも一致しない。この文書は明治十四年一月廿八日付で内務卿松方正義から太政大臣三條実美殿あてに出されたものである。

3　湯澤規子氏は小拾帳を分析され、それぞれの負担を髙野正誠４０％弱、土屋勝右衛門４０％弱、宮崎市左衛門１５％、志村市兵衛８％と示された。また、「拝借金證文之事」を見ると地続の土地であったと思われる。

第五章

大日本山梨葡萄酒会社の経営

1　大日本山梨葡萄酒会社の醸造所

大日本山梨葡萄酒会社が初めて醸造を開始した所は、東八代郡祝村下岩崎一八五六番地である。現在の通称龍憲セラーとその緑地の場所である。ここは雨宮彦兵衛の酒蔵があった場所である。雨宮彦兵衛は明治十七年一月に、これを大日本山梨葡萄酒会社（社長雨宮廣光）に売り渡している（歴０４５２）。また二月十一日には建物を売り渡している（歴０４５３）。それは、

一居家壱軒　但二階造　第一番二拾四坪　造作附
一土蔵壱ケ所　第二番二拾八坪
一同　壱ケ所　第三番三拾弐坪
一雪隠壱棟　第四番壱坪
〆四棟　但別紙絵図相添

とある。その絵図（歴０４５４）が図3である。この概略図によって、大日本山梨葡萄酒会社は創業時に第二番ないし第三番の土蔵に於いて、醸造を開始したのである。

ただ、この醸造所の借用書[1]を上野晴朗氏がその著書の67頁に掲載している。建物と器具の借用書であり、借用期間は五カ年で

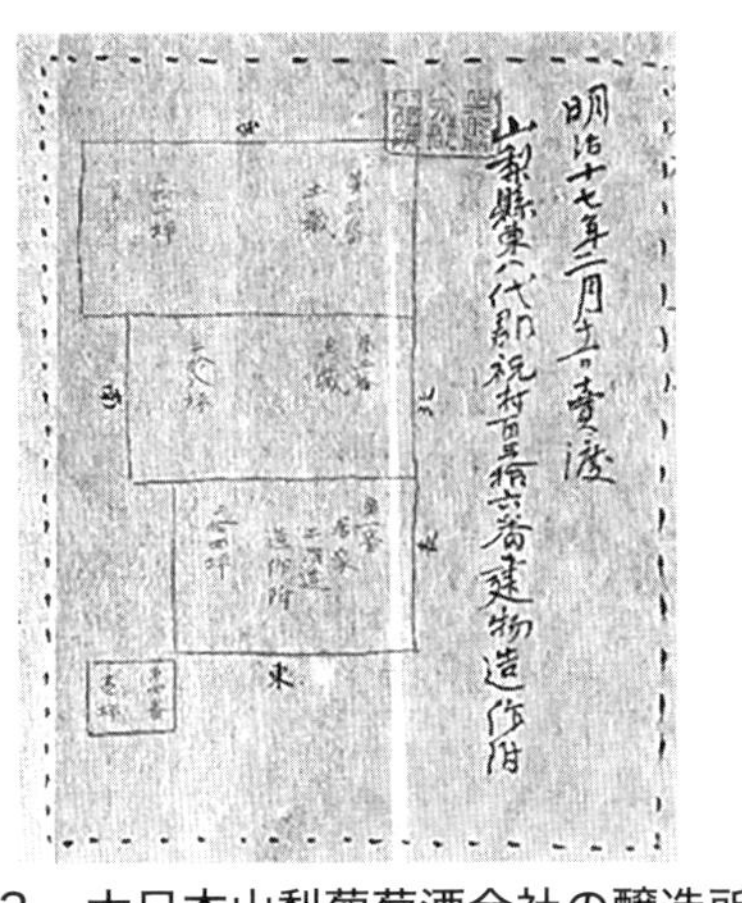

図3　大日本山梨葡萄酒会社の醸造所

あった。そこで、会社は明治十七年にこれを買い取ったのである。ただ、この葡萄酒会社規則（K－69、歴0003、0007）では営業期間五十年を想定していたのである。

註

1　上野晴朗（一九七七）『山梨のワイン発達史』

2　葡萄と葡萄酒の相関関係

どのくらいの葡萄の量でどのくらいの葡萄酒ができるのかは、意外に資料が少ない。幸い大日本山梨葡萄酒会社には左のような文書が残されている。

葡萄酒醸造見込石数御届（歴０１１７）
東八代郡祝村
葡萄酒会社
一葡萄大凡貳萬貫目
此葡萄酒大凡貳百石
右之通醸造仕候間之段御届仕候也
明治十四年二月十六日
仝社長
雨宮廣光
代行
網野次郎右衛門
山梨縣東八代郡　郡長

加々美嘉兵衛　殿

やや数字が大きいが、約二万貫で約二百石の葡萄酒ができるので、単純計算ができる。一貫目で一升の葡萄酒が醸造できることになる。

3　葡萄酒の値段1（歴0346）

史料	計算
明治十三年の記録	
半赤酒は二十壜で、六円六十六銭、	一壜約三三銭三厘
薄赤酒が十二壜で、六円三十銭、	一壜五二銭五厘
白酒が四十壜で、十二円六十銭、	一壜三一銭五厘
赤酒が二十壜で、六円三十銭、	一壜三一銭五厘
明治十四年の記録	
赤酒二十四壜が金七円五十七銭、	一壜約三一銭五厘
古白酒は二壜で一円、	一壜五〇銭
古赤酒は二壜で八十銭、	一壜四〇銭
紫は一壜	一壜三三銭三厘
佛蘭（ブラン）は一壜	一壜七五銭
樒酒は十五壜で四円五十銭、	一壜三〇銭

明治十五年の記録
ス井トは十二壜で五円七十五銭、　一壜約五〇銭
白酒は十二壜で四円、　一壜約三三銭
赤酒は十二壜で四円、　一壜約三三銭
ブランは二壜で一円五十銭、　一壜七五銭

明治十六年
白酒が三十六壜で、十二円、　一壜約三三銭
ブランが十二壜で、五円、　一壜約四二銭
ブランの小が六壜で一円四十銭、　一壜約二三銭

明治十七年
ブラン十一壜で四円十二銭五厘、　一壜三七銭五厘
紫酒十二壜で、三円　一壜二五銭

因みに山梨県勧業試験場付属葡萄酒醸造所の白葡萄酒は二五銭、スウイトワインが三五銭、ブランデーが六五銭、ヒットルスが六五銭である（「明治十年十一年　山梨縣葡萄酒資本金御貸下之儀伺」）。ただし、壜の大きさが違う可能性がある。また、詫間憲久が明治十年の第一回内国勧業博覧会に出品した際には各種葡萄酒が一万壜で四〇〇〇円であるから、平均で四〇銭ということになる。

4　葡萄酒の値段2（波芼多女より）

葡萄酒の価格については、今までなかなか良い史料に巡り合えなかったが、高野正誠が書き留めた『葡萄酒会社　波芼多女』に「定価則」がある。

定價則

赤
一　白　葡萄酒代金定價
紫

此訳
一　壹壜賣　　代金四拾銭
一　ダース賣　但シ壹ダース則拾貮壜ヲ云フ
一　壹ダースヨリ四ダース迠壹ダースニ付代金四圓也
一　五ダースヨリ九ダース迠壹ダースニ付代金三円八拾銭
一　拾ダース以上何ダースニテモ壹ダースニ付代金三円六拾銭
一　石数賣　　壹石ニ付代金五拾円
前書之通本月十日ヨリ原價相定候間各地賣捌所ニ於テハ右原價へ運賃及ヒ賣捌手数料トモ等入之

上貴地相当ノ代價ヲ定メ勉メテ御販賣可被下候此段報告仕候也

山梨縣甲斐國東八代郡祝邨

明治十四年四月　葡萄酒釀造會社

諸國賣捌御中

とあり、一ビン四〇銭と意外に高価な感じを受ける。

5　葡萄買入帳（歴０３４５）の分析

1　はじめに

今回分析の対象とするのは『明治十二年葡萄買入帳』（歴０３４５）である。これはすでに湯澤規子氏[1]が明治十四年に限って洋葡萄と和葡萄の購入先（栽培者）の一覧表を作成して分析している。ただ氏の分析は主要な部分を抽出したものである。ここでは、まず解読作業を行い、次に記載順に従って一覧表を作成した。日付、和洋の別等、氏名、貫目、棚数、代金の項目を設けた。代金は同じ葡萄でも大きなバラツキがある。糖度計でも持って買い付けをしたのであろうかと思わせる程である。和洋の別等の中に、上等、地、挟房、挟クズなどがあり、地は明治十二年にヤマブドウ（大エビ）があるので、これを指すものであろう。特に表記のない葡萄は甲州種と判断した。髙野正誠の備忘録の一種である『葡萄酒会社　波㐂多女[2]』の中に、紫葡萄酒は山葡萄から造り、製法は赤葡萄酒と同じだとあるので、ヤマブドウを原料としたワインは大日本山梨葡萄酒会社では紫葡萄酒としている。上等は『解散分配帳』（歴００３０）に多出して、葡萄酒とともに相渡しとあるが、葡萄なのか葡萄酒なのかはっきりしない。

前述したように紫葡萄酒はヤマブドウが原料である割には、記述が少ないように思える。明治十二年の『出入帳』（歴００２５）には藤ノ木村（笛吹市御坂町）と右左口村（甲府市中道町）から山葡萄を買入れている。

2　一覧表の作成

どんな研究でも原文の解読文を作成して、その分析をして発表するものであり、原文をそのまま載せるのは紙数の関係で不可能である。今回は一覧表にした[3]。一覧表を氏名別に整理することも可能であるが、後々の研究や原文との照合がある場合、やや紙数を取るがそのまま掲載した。様々なことを確認するのみ便利である。同じ人物でもただ貫目で売る場合と駄数で売る場合がある。農業の経験のある者にとっては、駄数は葡萄畑で直接売買と搬出を行っているように思える。他にも細分があることは、売買の時葡萄の品質を査定しているのである。様々な気象条件と病害虫の影響で、現在でもそうだが、畑によって品質は異なるのである。挟（鋏）クズ及び挟房は、生食用葡萄の手入れの時、病気果やキズ果などを取り除いたものであろうと推定される。昭和三十年代ころ、各家のハサミクズを集める人がいて、醸造所へ運んでいたという記憶がある。

明治十四年十五年共に代金の集計はあるが、エクセル計算とは異なる。この大日本葡萄酒会社の会計帳の場合、しばしば集計結果と〆が合わないことが多い。また、この買入帳もそうであるが、解散に伴い会計帳等を再整理した可能性がある。

ほとんどナマの一覧表から、さまざまなことが、分析できる。まず明治十四年は和葡萄が７５１３・０５０貫で、その内吹落が１０６・２５０貫、挟クズが３・５００貫などは分離されず、和葡萄の中に含まれてしまうので、葡萄の種類の項目に和葡萄―と記した。エクセルの計算上の都合である。洋葡萄は１９２・６６０貫で、この年は地である山葡萄の購入がない。

明治十五年の場合は、細分は葡萄の品質のことを言い、葡萄の種別の中に地と挟房が含まれてしまうので、それぞれ独立した重さとなるので、和葡萄に挟房を合計したものが、和葡萄の重さである。年度ごとに分類項目が違うので、このような計算となるが、あえて直さなかったのは、原文を尊重したからである。

明治十六年はやや趣が違い献上葡萄や高級品の葡萄の取り引きがあり、和葡萄の金額はあるが、重さがないなど、中途で終っているように思える。

葡萄の重さ、一貫で一升（歴０１１７）であるので、重さがそのまま一升の量となる。明治十四年で和葡萄７５１３・０５０貫であるから、そのまま７５石１斗３升５勺ということになる。ただ、葡萄をすべて葡萄酒にするわけではなく、生食用として販売もしている。

またこれは、湯澤規子氏が「葡萄酒会社関係資料一括」の中の（歴０００６）から作成した一覧表とは若干異なる。前述したように、この会社の経理はいくつか齟齬が認められる。

註

1　湯澤規子（二〇一三）「山梨県八代郡祝村における葡萄酒会社の設立と展開」『歴史地理学』第二六五号

2　高野正誠（一八八五ころ）『葡萄酒会社　波㐂多女』

3　原文に従った一覧表としたので、後々筆者の誤読や誤認が確認しやすい。

表3　明治12年葡萄買入帳

明治１２年

日付	葡萄の種別	買上方法	貫目	支出	収入	合計	備考
9月10月中	和葡萄	棚買		1001.500			
9月10月中	和葡萄	貫目買	138.000	193.484			
9月10月中	山葡萄			15.277			
9月10月中				128.543			諸駄賃醸造雇
9月10月中						1338.804	合金
9月10月中					391.891		東京転出葡萄代金入
9月10月中						946.413	(計算間違い)
							凡30石　外にブランデー

表4　明治13年葡萄買入帳

明治１３年

葡萄の種別	場所	支出	駄数	備考
和葡萄		5012.150	659.310	葡萄惣斗
和葡萄	祝及ヒ勝沼	3683.000		内訳
和葡萄	横根	1091.000		内訳
和葡萄	横根	119.323		内訳貫目棚買分
山葡萄		107.500		内訳
洋葡萄		11.327		内訳

表5-1　明治14年葡萄買入帳

明治１４年

順番	p	日付	葡萄の種別	細分	氏名	住居	貫目32	棚数	金額	駄数	備考
1	5	7月28日	和葡萄		小田川孫弥兵衛	甲運村横根組	1,504.000	15.000	470.000	47.000	
2		7月28日	和葡萄		小田川孫弥兵衛		320.000	3.000	100.000	10.000	
3	6	8月24日	和葡萄		川崎惣左衛門		576.000	15.000	195.000	18.000	
4		8月24日	和葡萄		内田作右衛門		144.000	3.000	50.000	4.500	
5	7	8月19日	洋葡萄		川崎吟平	上ノ	1.110		0.333		
6		8月28日	洋葡萄		内多作兵衛		9.200		2.760		
7		8月31日	洋葡萄		内多作兵衛		11.300		3.390		
8		9月2日	洋葡萄		大屋種吉		10.000		3.000		
9		9月2日	洋葡萄		雨宮弥右兵衛		10.600		3.180		
10		9月5日	洋葡萄		大善寺	柏尾	13.000		3.900		
11		9月5日	洋葡萄		鈴木小左衛門	村	5.600		1.680		
12		9月5日	洋葡萄		三枝行証	上ノ	1.350		0.400		
13	8	9月6日	洋葡萄		土屋半甫	村	3.000		0.900		
14		9月6日	洋葡萄		雨宮彦兵衛	村	1.000		0.300		
15		9月6日	洋葡萄		前田玄虎		2.300		0.690		
16		9月6日	洋葡萄		土屋勝右衛門		1.300		0.390		
17		9月7日	洋葡萄		和田弥次兵衛	加納岩村	9.500		2.850		
18		9月12日	洋葡萄		大善寺	柏尾	8.200		2.380		
19		9月10日	和葡萄		砂田清作	村	96.000	3.000	32.000	3.000	
20	9	9月12日	和葡萄		雨宮彦兵衛		592.000	9.000	260.000	18.500	
21		9月23日	和葡萄		内田庄兵衛		480.000	4.000	215.000	15.000	
22		10月15日	和葡萄一	吹落	三枝行証	上ノ	20.900		3.105		
23		10月15日	和葡萄		三枝行証	上ノ	4.600		0.690		
24	10	9月15日	和葡萄一	吹落	川崎吟平	上ノ	66.500		5.975		
25		10月15日	和葡萄		宮崎市左衛門	村	21.000		3.450		
26		10月16日	洋葡萄		和田弥次兵衛	加納岩村	10.000		3.000		
27		10月16日	和葡萄		志村七郎左衛門	上ノ	128.000	5.000	40.000	4.000	
28		10月27日	洋葡萄		川安		3.000		0.900		
29	11	9月17日	和葡萄		内田四郎右衛門・宮崎市左衛門		512.000	10.000	192.000	16.000	
30		9月17日	和葡萄		内田作兵衛・宮崎市左衛門		768.000	20.000	228.000	24.000	
31	12	9月6日	和葡萄		渡辺武衛門	祝村	96.000		30.000	3.000	
32		9月6日	和葡萄一	吹落	宮崎市左衛門		12.300		1.845		
33		9月6日	和葡萄一	吹落	宮崎市左衛門		6.550		0.983		
34		9月6日	和葡萄一	下等	宮崎市左衛門		4.250		0.635		
35		9月19日	和葡萄		内田四郎兵衛		121.500		37.968		
36		9月19日	和葡萄		網野茂左衛門	横根村	448.000	5.000	140.000	14.000	
37	13	9月17日	和葡萄		市川四郎兵衛	横根村	32.000	1.000	10.000	1.000	
38		9月22日	洋葡萄		加藤庄兵衛	一桜	5.800		1.500		
39		9月22日	洋葡萄		田口五郎兵衛	上ノ	1.600		0.480		
40		9月4日	洋葡萄		前田玄虎	村	2.800		0.840		
41		9月4日	洋葡萄		雨宮弥右衛門	村	2.400		0.720		
42		9月4日	和葡萄		宮崎・内田		36.800		11.500		
43	14	9月25日	洋葡萄		髙野積成		57.000		17.100		
44		9月25日	洋葡萄		和田弥次兵衛	加納岩村	10.000		3.000		
45		9月25日	洋葡萄		内田庄兵衛		0.850		0.250		
46		9月25日	洋葡萄		土屋半甫		0.950		0.280		
47		9月26日	和葡萄		内田四郎兵衛		12.500		3.976		
48		9月26日	和葡萄		宮崎市左衛門		2.100		0.105		
49		9月26日	洋葡萄		和田弥次兵衛	加納岩村	10.000		3.000		
50		9月8日	和葡萄		川崎吟平	上ノ	62.300		9.469		
51	15	9月29日	和葡萄		鈴木甚五左衛門	祝村	48.000	2.000	15.000	1.500	
52		10月1日	和葡萄		内田四郎兵衛	村	21.300		5.325		
53		10月1日	和葡萄		竹内与惣右衛門	上ノ	16.200		8.063		
54		10月2日	和葡萄		武藤太右衛門		2.100		0.525		
55		10月2日	洋葡萄		雨宮沖右衛門		0.800		0.100		
56		10月2日	和葡萄		土屋半甫		32.000	1.000	10.000	1.000	
57	16	10月4日	和葡萄一	上等	鈴木小左衛門		8.200		3.280		
58		10月4日	和葡萄		土屋半甫		11.800		3.500		
59		10月4日	和葡萄		土屋半甫		29.600		8.791		
60		10月4日	和葡萄		内田四郎兵衛		4.000		1.000		

表5-2　明治14年葡萄買入帳

61		10月5日	和葡萄		川崎善左衛門		11.900		4.165		
62		10月6日	和葡萄		川崎善左衛門		8.200		2.870		
63		10月7日	和葡萄		宮崎市左衛門		14.850		5.198		
64	17	10月7日	和葡萄		雨宮弥右衛門		96.000	4.000	40.000	3.000	
65		10月3日	和葡萄		川崎吟平		896.000	28.000	325.000	28.000	
66		10月8日	和葡萄		髙野正誠		64.000	1.000	23.000	2.000	
67		10月8日	和葡萄		宮崎市左衛門		18.750		6.563		
68		10月8日	和葡萄		川崎善左衛門		8.300		2.905		
69		10月10日	和葡萄		川崎吟平		10.800		3.375		
70		10月21日	和葡萄		川崎善左衛門		8.400		2.940		
71		10月21日	和葡萄		宮崎市左衛門		5.750		1.794		
72		10月21日	和葡萄ー	挟クズ	宮崎市左衛門		3.500		0.700		
73		10月12日	和葡萄		鈴木甚五左衛門		4.700		1.763		
74	18	10月12日	和葡萄		宮崎市左衛門		5.200		1.456		
75		10月12日	和葡萄		川崎善左衛門		11.100		3.885		
76		10月18日	和葡萄		雨宮弥右衛門		3.400		1.275		
77		10月18日	和葡萄		宮崎市左衛門		7.450		2.086		
78		10月19日	和葡萄		川崎吟平		11.400		4.900		
79		10月21日	和葡萄		川崎吟平		10.400		3.640		
80	19	10月21日	和葡萄		宮崎市左衛門		34.850		9.758		
81		10月25日	和葡萄		宮崎市左衛門		10.600		2.968		
82		10月29日	和葡萄		川崎吟平		20.000		9.000		
83		10月29日	和葡萄		雨宮円甫		7.000		3.500		
					買入惣斗				2,134.832		
					総計		7,705.710		2,617.249	213.500	

表6　明治14年葡萄買入帳集計

葡萄の種類	貫目	金額	備考
和葡萄	7,390.850	2,543.403	
吹落	106.250	11.908	
挟クズ	3.500	0.700	
上等	8.200	3.280	
下等	4.250	0.635	
洋葡萄	192.660	57.323	
地	0.000	0.000	
合計	7,705.710	2,617.249	

表７-１　明治15年葡萄買入帳

明治１５年

順序	p	日付	葡萄の種別	細分	氏名	住居	貫目32	棚数	金額	駄数	備考
1	1	8月28日	洋葡萄		川崎吟平		23.700		4.740		
2		9月1日	洋葡萄		土屋半甫		5.400		1.080		
3		9月2日	洋葡萄		雨宮沖右衛門		6.200		1.240		
4		9月2日	洋葡萄		内田善作	菱山	11.300		2.260		
5		9月2日	洋葡萄		三森幸七	菱山	5.000		1.000		
6		9月2日	洋葡萄		志村市兵衛		6.400		1.280		
7		9月2日	洋葡萄		雨宮利右衛門	一桜村	2.600		0.520		
8	2	9月3日	洋葡萄		鈴木小左衛門	村	20.500		4.900		
9		9月3日	洋葡萄		小沢文平	錦村	29.000		5.800		
10		9月3日	洋葡萄		内田庄兵衛	村	44.000		8.800		
11		9月4日	洋葡萄		志村市衛門	村	5.600		1.120		
12		9月4日	洋葡萄		鈴木小左衛門		13.500		2.700		
13		9月4日	洋葡萄		里吉安右衛門	緑口ノ	34.100		6.520		
14		9月4日	洋葡萄		岩間審是	菱山	17.000		3.400		
15	3	9月4日	洋葡萄		岩間審是		6.000		1.200		
16		9月5日	洋葡萄		内田四郎兵衛	村	39.800		7.960		
17		9月5日	洋葡萄		里吉安右衛門	緑町	33.290		6.658		
18		9月5日	洋葡萄		髙野正誠		24.500		4.900		
19		9月5日	洋葡萄		奥山栄寿	加納岩村	10.000		2.000		
20		9月6日	洋葡萄		雨宮弥右衛門		27.900		5.580		
21		9月6日	洋葡萄		鈴木小左衛門		1.000		0.200		
22		9月6日	洋葡萄		川崎吟平		12.200		2.440		
23	4	9月6日	洋葡萄		前田弥左衛門	村	2.500		0.500		
24		9月6日	洋葡萄		大善寺	柏尾	6.000		1.200		
25		9月6日	和葡萄		髙野積成		90.900		8.180		
26		9月6日	和葡萄		土屋半甫		16.300		3.260		
27		9月6日	和葡萄		奥山栄寿	加納岩	9.400		1.800		
28		9月6日	和葡萄		上ノ庄左衛門		14.400		2.880		
29		9月6日	地		内田庄兵衛		52.600		3.208		
30		9月8日	洋葡萄		上野豊平	錦村	30.000		6.000		
31	5	9月7日	和葡萄		鈴木五右衛門		128.000	2.000	32.500	4.000	
32		9月7日	和葡萄		蓮華寺		48.000	3.000	11.000	1.500	
33	6	9月8日	洋葡萄		田村五左衛門	神沢	33.300		6.660		
34		9月9日	洋葡萄		三枝行証	上ノ	2.500		0.500		
35		8月20日	洋葡萄		和田弥次兵衛	加納岩村	6.900		12.380		
36		9月9日	和葡萄		内田庄兵衛		800.000	4.000	257.500	25.000	
37	7	9月9日	洋葡萄		内田作右衛門	村	21.800		4.360		
38		9月9日	洋葡萄		内田作右衛門		1.500		0.300		
39		9月9日	洋葡萄		内田善作		10.000		2.200		
40		9月10日	和葡萄		近藤庄兵衛	一桜	2.500		0.500		
41		9月10日	和葡萄		和田弥次兵衛	加納岩	10.300		2.060		
42		9月10日	和葡萄		雨宮沖右衛門		288.000	3.000	7.000	9.000	
43	8	9月10日	洋葡萄		田口五郎兵衛	上ノ	44.700		8.940		
44		9月10日	洋葡萄		奥山栄寿		21.400		4.280		
45		9月11日	洋葡萄		田口五郎兵衛	上ノ	7.300		1.460		
46		9月12日	洋葡萄		鈴木重兵衛		3.900		0.780		
47		9月12日	洋葡萄		雨宮彦兵衛		20.700		5.740		
48		9月12日	洋葡萄		田村五左衛門	神沢	7.200		1.440		
49		9月13日	洋葡萄		山口重兵衛	ノロ	7.200		3.440		
50		9月13日	洋葡萄		田口五郎兵衛	上ノ	48.500		9.700		
51	9	9月13日	和葡萄		内田作右衛門		192.000	3.000	60.000	6.000	
52		9月13日	和葡萄		雨宮孫右衛門		384.000	5.000	115.000	12.000	
53	10	9月16日	和葡萄		土屋半甫		48.000	2.000	13.500	1.500	
54		9月17日	和葡萄		田村文左衛門		128.000	4.000	30.000	4.000	
55	11	9月13日	和葡萄		保坂彦左衛門		64.000	1.000	11.000	2.000	

表7-2　明治15年葡萄買入帳

56		9月13日	洋葡萄一	下等	深山元四郎		1.600		0.320		
57		9月15日	洋葡萄		田口五郎兵衛		56.600		11.320		
58		9月15日	洋葡萄		和田弥次兵衛	加納岩村	33.600		6.720		
59		9月17日	洋葡萄		上野豊平	錦村	24.000		4.880		
60	12	9月6日	和葡萄		雨宮彦兵衛		1,120.000	4.000	390.000	35.000	
61		9月17日	洋葡萄一	中等	奥山栄寿	加納岩村	7.400		1.480		
62		9月12日	洋葡萄		永田周吉	下黒駒	14.900		2.980		
63		9月18日	洋葡萄一	下等	小沢文平	錦村	9.000		1.880		
64		9月20日	挟房		川崎吟平	上ノ	17.500		0.700		
65		9月20日	和葡萄		鈴木五右衛門		64.000	1.000	18.000	2.000	
66		9月22日	挟房		川崎吟平	上ノ	5.500		0.220		
67	13	9月20日	和葡萄		鈴木五右衛門		64.000	1.000	18.000	2.000	
68		9月22日	挟房		川崎吟平	上ノ	5.500		0.220		
69		9月22日	和葡萄		田口金右衛門		37.200		7.440		
70		9月22日	和葡萄一	下等	田口金右衛門		2.800		0.112		
71		9月22日	和葡萄		雨宮熊吉		45.300		10.617		
72		9月23日	和葡萄		雨宮熊吉		56.100		13.148		
73		9月25日	和葡萄		雨宮熊吉		47.100		2.355		
74		9月25日	挟房		雨宮熊吉		5.400		0.150		
75		9月25日	和葡萄		鈴木角右衛門		6.450		8.059		
76		9月25日	和葡萄		土屋平右衛門		24.500		5.358		
77	15	9月29日	和葡萄		小野文次郎		18.150		0.850		
78		9月29日	和葡萄		土屋半甫		16.500		0.925		
79		9月29日	和葡萄一	上	雨宮市左衛門		20.200		3.785		
80		9月29日	和葡萄一	中	雨宮市左衛門		28.700		1.435		
81		9月29日	和葡萄一	下等	雨宮市左衛門		7.500		0.188		
82		9月29日	和葡萄		雨宮市左衛門		19.000		1.653		
83	16	9月27日	和葡萄		上ノ源吾		10.100		0.252		
84		9月27日	和葡萄		千福寺		2.000		0.438		
85		9月27日	和葡萄		千福寺		10.400		1.950		
86		9月27日	和葡萄		永田周吉	黒駒	8.700		1.359		
87		9月27日	和葡萄一	上	内田作右衛門		4.700		1.524		
88	17	9月27日	和葡萄		内田作右衛門		38.600		3.860		
89		9月27日	和葡萄一	下	内田作右衛門		10.700		0.535		
90		9月27日	和葡萄		千福寺		2.600		0.325		
91		9月27日	和葡萄		千福寺		2.000		0.438		
92		9月28日	和葡萄		千福寺		8.500		0.796		
93		9月28日	和葡萄		佐藤次衛門	上ノ	2.600		0.250		
94		9月28日	和葡萄		佐藤次衛門		11.700		0.292		
95		9月28日	和葡萄		千福寺		11.700		1.096		
96		9月28日	和葡萄		千福寺		2.000		0.438		
97	18	9月28日	洋葡萄		武藤佐兵衛		9.700		1.940		
98		9月28日	和葡萄		宮崎市左衛門		9.600		1.500		
99		9月28日	和葡萄		宮崎市左衛門		4.800		0.600		
100		9月28日	和葡萄一	下	宮崎市左衛門		9.550		0.382		
101	19	9月29日	和葡萄		宮崎市左衛門		69.400		9.758		
102		9月29日	和葡萄		宮崎市左衛門		25.000		2.500		
103		9月29日	和葡萄		宮崎市左衛門		30.400		1.216		
104		9月29日	和葡萄		宮崎市左衛門		12.100		1.125		
105		9月29日	和葡萄		川崎善左衛門		48.700		8.372		
106	20	9月29日	和葡萄		川崎善左衛門		11.300		0.452		
107		10月3日	和葡萄		済藤七右衛門	上ノ	24.500		4.900		
108		10月3日	和葡萄		土屋勝右衛門		8.400		1.050		
109		10月3日	和葡萄		土屋勝右衛門		2.500		0.125		
110		10月3日	和葡萄		川崎善左衛門		27.800		3.475		

表7-3　明治15年葡萄買入帳

111		10月3日	和葡萄		川崎善左衛門		20.200		1.010		
112		10月3日	和葡萄		宮崎市左衛門		147.200		14.720		
113	21	10月4日	和葡萄		川崎惣右衛門	上ノ	33.900		3.797		
114		10月4日	和葡萄		川崎惣右衛門		42.300		1.988		
115		10月4日	和葡萄		土屋勘右衛門	村	25.300		6.000		
116		10月4日	和葡萄		土屋勝右衛門		14.500		1.813		
117		10月4日	和葡萄		川崎惣右衛門		30.300		3.394		
118		10月4日	和葡萄一	下	川崎惣右衛門		20.100		1.325		
119	22	10月4日	和葡萄		川崎善左衛門		22.100		2.750		
120		10月4日	和葡萄		川崎善左衛門		30.300		1.515		
121		10月5日	和葡萄		金井重右衛門	上ノ	58.000		6.000		
122		10月5日	和葡萄一	上	川崎善左衛門		22.200		2.775		
123		10月5日	和葡萄一	下	川崎善左衛門		16.000		0.800		
124		10月5日	和葡萄一	下ノ下	川崎善左衛門		7.100		0.178		
126	23	10月5日	和葡萄		渡辺清兵衛	フジイ	22.150		5.015		
127		10月5日	和葡萄		土屋ふミ		20.600		3.296		
128		10月5日	和葡萄		土屋ふミ		7.120		0.360		
129		10月5日	和葡萄一	上中	川崎惣右衛門		3.800		0.426		
130		10月5日	和葡萄一	下	川崎惣右衛門		14.700		0.690		
131		10月5日	和葡萄一	並上	宮崎市左衛門		35.200		3.520		
132	24	10月5日	和葡萄		宮崎市左衛門		7.400		0.185		
133		10月6日	和葡萄		川崎吟平	上ノ	27.400		1.092		
134		10月6日	和葡萄		雨宮有助	上ノ	24.900		0.623		
135		10月7日	和葡萄一	上	川崎善左衛門		27.300		4.696		
136		10月7日	和葡萄一	下	川崎善左衛門		15.000		0.705		
137		10月7日	和葡萄一	下	川崎惣右衛門		7.800		0.367		
138	25	10月9日	和葡萄一	上	川崎惣右衛門		29.400		5.880		
139		10月7日	和葡萄一	下ノ下等	川崎吟平		13.900		0.695		
140		10月10日	和葡萄一	上	川崎善左衛門		16.200		2.786		
141		10月10日	和葡萄一	下	川崎善左衛門		11.700		0.550		
142		10月10日	和葡萄一	等外	川崎善左衛門		5.200		0.130		
143		10月10日	和葡萄		土屋平右衛門		2.700		0.675		
144	26	10月11日	和葡萄		宮崎市左衛門		24.200		1.470		
145		10月12日	和葡萄		田辺文左衛門		2.150		0.537		
146		10月12日	和葡萄		川崎吟平		16.000		1.600		
147		10月12日	和葡萄		川崎吟平		14.400		0.720		
148		10月14日	和葡萄		宮崎市左衛門		13.800		0.555		
149		10月14日	和葡萄		川崎吟平		8.200		0.410		
150	27	10月14日	和葡萄		鈴木重兵衛		7.800		0.195		
151		10月14日	和葡萄		宮崎市左衛門		7.700		1.684		
152		10月14日	和葡萄		宮崎市左衛門		5.700		0.171		
153		10月15日	和葡萄		髙野積成		28.400		9.940		
154		10月15日	和葡萄		宮崎市左衛門		11.700		2.559		
155		10月15日	和葡萄		宮崎市左衛門		8.500		0.255		
156	28	10月16日	和葡萄		宮崎市左衛門		11.400		2.157		
157		10月16日	和葡萄		宮崎市左衛門		10.400		0.342		
158		10月4日	和葡萄		川崎吟平	上ノ	800.000	4.000	121.200	25.000	
159		10月4日	和葡萄		川崎小兵衛		112.000	3.000	25.000	3.500	
160	29	10月10日	和葡萄		渡辺武右衛門	フジイ	80.000	3.000	20.000	2.500	
161		10月16日	和葡萄		土屋市左衛門		15.000		1.250		
162		10月18日	和葡萄		宮崎市左衛門	村ノ	6.100		0.610		
163		10月18日	和葡萄一	下等	宮崎市左衛門		6.700		0.201		
164		10月19日	和葡萄		浦野利助		14.200		0.355		
165	30	10月19日	和葡萄		川崎善左衛門	上ノ	5.600		0.168		
166		10月20日	和葡萄		内田四郎兵衛		10.300		1.730		
167		10月20日	和葡萄		福田兵左衛門		23.800		4.760		
168		10月22日	和葡萄		梶屋与兵衛	勝沼	6.700		1.675		
169		10月22日	和葡萄		梶屋与兵衛		10.300		1.126		
170		10月25日	和葡萄		竹岡与惣左衛門		37.200		11.060		
171	31	9月	和葡萄		石原孫左衛門		64.000	3.000	18.500	2.000	
					〆				276.904		
					合計		7,253.560		1,579.295		

表８　明治15年葡萄買入帳集計

葡萄の種類	貫目	金額	備考
和葡萄	6,019.420	1,363.414	
洋葡萄	793.190	174.018	
地	52.600	3.208	
挟房	33.900	1.290	
中等	7.400	1.480	
下等	27.600	2.701	
下ノ下等	13.900	0.695	
等外	5.200	0.130	
上	120.000	21.446	
中	28.700	1.435	
下	105.550	5.354	
上中	3.800	0.426	
並上	35.200	3.520	
下ノ下	7.100	0.178	
合計	7,253.560	1,579.295	

表９　明治15年葡萄買入帳総計

和葡萄総計	貫目	金額
和葡萄	6,019.420	1,363.414
和葡萄の挟房等	388.350	38.655
合計	6,407.770	1,402.069

表10　明治16年葡萄買入帳

明治１６年

番号	ページ	日付	葡萄の種別	籠数	氏名	住居	貫目	棚数	金額	駄数	備考
1	1	9月10日	洋葡萄		山口重兵衛	ノロ	6.700		0.570		
2		9月10日	洋葡萄		内田作右衛門	村	9.500		0.760		
3		9月12日	洋葡萄		岩間審是	英村	51.000		4.590		
4		9月12日	洋葡萄		小沢文平	錦村	22.500		2.120		
5		9月12日	洋葡萄		市川皆蔵	菱山村	20.200		1.630		
6		9月13日	洋葡萄		岩間審是	菱山村	102.400		9.216		
7	2	9月13日	洋葡萄		宮川専蔵	菱山村	12.400		0.992		
8		9月14日	洋葡萄		川崎吟平	トノ	14.600		1.460		
9		9月15日	洋葡萄		鈴木國蔵	村	44.500		4.000		
10		9月15日	洋葡萄		志邨市兵衛	村	16.600		1.660		
11		9月15日	洋葡萄		内田作兵衛	村	18.700		1.870		
12		9月15日	洋葡萄		鈴木小左衛門	村	83.700		8.370		
13	3	9月16日	洋葡萄		宮崎市左衛門		3.700		0.370		
14		9月16日	洋葡萄		土屋半甫		120.300		12.030		
15		9月17日	洋葡萄		雨宮彦兵衛		150.800		15.080		
16		9月17日	洋葡萄		小野庄左衛門	十一屋ノ	22.800		2.680		
17		9月17日	洋葡萄		三森幸七	菱山	20.500		2.500		
18		9月18日	洋葡萄		雨宮弥右衛門		88.200		8.820		
19		9月18日	洋葡萄		金子団右衛門		12.600		1.260		
20		9月19日	洋葡萄		小野元兵衛	日川	7.000		0.700		
21		9月19日	洋葡萄		和田弥次兵衛	加納岩	21.200		2.120		
22	4	9月3日	洋葡萄		田口五郎兵衛	上ノ	280.800		28.180		
23		9月25日	洋葡萄		田口五郎兵衛		25.000		2.560		
24		9月26日	洋葡萄		雨宮彦兵衛		108.000		20.880		
25		9月23日	洋葡萄		内田四郎兵衛		49.800		4.980		
26		9月24日	洋葡萄		志村市兵衛		2.600		0.260		
27		9月28日	洋葡萄		鈴木小左衛門		7.000		0.700		
28	5	9月25日	和葡萄		宮崎市左衛門			5	37.580		
29		9月26日	洋葡萄		雨宮彦兵衛		90.500		9.950		
30		10月3日	洋葡萄		土屋半甫	錦村	26.500		2.650		
31		10月7日	洋葡萄		内田庄兵衛		11.800		1.180		
32		10月7日	洋葡萄		小沢文平		97.800		9.788		
33		10月14日	洋葡萄		雨宮彦兵衛		55.400		5.540		
34		9月21日	洋葡萄		小沢文平	錦村	22.500		2.250		
35		9月21日	地		宮崎市左衛門		7.700		1.200		
36	6	10月12日	和葡萄		雨宮彦兵衛			3	25.000		
37		9月25日	上等	12	宮崎市左衛門				10.500		
38		10月5日	上等	12	渡部省三				10.500		
39		10月2日	献上	5	藤村様分				10.000		
40		10月2日	上等	10	東京行				8.750		東京行駄賃3.57
41		11月3日	極上等	5	東京行		5.000		5.000		他に0.23
42			不明		横浜行				1.500		
43			地		宮崎市左衛門		32.000		5.000		
44			洋葡萄		雨宮彦兵衛		55.900		5.540		
					〆				276.940		
					合計		1728.200		292.286		

表11　明治16年葡萄買入帳集計

葡萄の種別	貫目	金額	備考
和葡萄	0.000	62.580	貫目の表記なし
洋葡萄	1,683.500	177.256	
地	39.700	6.200	
献上		10.000	
上等		29.750	
極上等	5.000	5.000	
不明		1.500	
合計	1,728.200	292.286	

7 駄数の貫目換算

『明治十二年葡萄買入帳』（歴０３４５）では、貫数に統一されているわけではなく、棚数、駄数の表記がある。棚数は換算方法がないが、駄数は貫目に換算できるので、購入先ごとに貫目で比較することができる。『甲州勝沼葡萄沿革』[1]によれば、「正味一貫五百匁入四籠を以て一個として、馬の背に二個宛四個を振分荷積し、計正味二十四貫のことを言ふ。」とある。つまり、四籠二列の八籠ずつを馬の背に振り分けたのである。ぶどうの国文化館の展示図録[2]も同様の表記である。『勝沼町誌』の方言の項に「馬ではイチダン（一駄）と言って十六カゴつまり四コーリを背の左右に二コーリずつ振り分けて運ぶのであった。つまり正味二十四貫を積むのである。特に足の強い馬は二カゴ余分に積むのであるが、これをシャミセソトと呼んだ。」とあり、一駄二十四貫で計算できる。

ただ飯田文彌氏が引用する佐藤信淵の『草木六部耕種法』[3]では「葡萄一駄ト云ハ十六篭ニテ一篭ノ秤量一貫七百目ナリ」とあり、一駄三十貫としている。

しかしながら、『醸造日下恵』（歴０５２８）明治十三年九月の記述では「四駄　百廿八貫」という記述があり、一駄が三十二貫であることが判明し、「拾壱駄六分六厘が三百七拾三貫百八十目」という記述もあり、駄以下は貫目としている。これは明治十三年の大日本山梨葡萄酒会社の記録であるから、先の『明治十二年葡萄買入帳』（歴０３４５）の駄数換算は一駄三十二貫とするのが、時代性も合致しているものと思われる。大正五年の『東山梨郡誌』[4]によれば「維新当時葡萄十六籠（一籠二貫目）一駄の代金二分（五十銭）位」とある。明治初年は一駄十六籠三十二貫であったのである。棚数という項目には駄数が併記されているので、駄数で換算している。
駄数というのは、荷物の種類によって、また時代によって変化するものらしい。[5]

註

1　勝沼町農会（一九四二）『甲州勝沼葡萄沿革』９頁
2　勝沼町（一九九五）『ぶどうの国文化館』３４頁
3　佐藤信淵（一八三三）『草木六部耕種法』
4　山梨教育会東山梨支会（一九一六）『東山梨郡誌』
5　野池優太（二〇二三）「信州中馬の荷鞍」『民具マンスリー』５６－１

8 葡萄苗の購入と配布

『葡萄酒会社　波䃰多女』の「履歴」によれば、「同年三月東京勧農局三田育種場及ヒ開拓使其他ヨリ西洋葡萄苗五万本余ヲ請求シ社中へ分賦夫々栽培ヲ為セリ」とある。これは明治十三年のことで、三田育種場と北海道の開拓使より合わせて五万本の苗木を取りよせている。

これより前、『往復記録』の明治十一年五月十日の書簡によれば「東京麻布学農社ヨリ西洋蒲萄苗買請植付申候」とあり、本数と種類は不明であるが、洋種葡萄であったと思われる。また、七月十三日の付記には、

> 両輩小子爰ニ陳述ス今本年当村蒲萄苗壱万斗製作致候処有志者之家之レニ倣イ苗取甚タ多シ本年当村ニテ出来ノ苗者弐万本斗者出来可申候此苗根分挿木ナリ津田仙公ノ書ニ準シ一ト節ガケノ挿木ナリ依テハ苗壱本ヲ穫ルニ於テハ此一本翌年十本ノ苗ニ可相成事ニ存候尤モサシキ苗ハ上苗ト云ニハ有ラズ上苗ハ御存之通取リ木苗ナリ

二人の帰国を待つ地元では葡萄苗を一万ばかり製作し、さらに有志の人々も苗木を作製して、その数は二万本に達するという。

大日本山梨葡萄酒会社が発足するやいなや、爆発的に葡萄栽培が始まったことが窺える。過日同時期の休息村の物産調べを読む機会があったが、休息村では葡萄は全く目にすることはできなかった。

次に、県博の葡萄酒会社関係資料一括の中から、葡萄苗購入と配布資料を拾い上げると次のようになる。

『證』（歴０９４８）によれば、明治十三年三月二日に勧農局育種場より、葡萄苗五三九二本を購入し、代金は五三円九二銭、荷送賃が六五銭、米国種が二円一一銭五厘、仏国種が二七銭で、総額五六円九五銭五厘である。宛先が書いていないが、大日本山梨葡萄酒会社であろう。

次に『領収之証』（歴０９４９）によれば、年号は書かれていないが、恐らく明治十三年で、三月九日に開拓使勧業課から髙野積成が果樹苗代幷荷造諸費付で五三六円七三銭七厘で購入している。この当時の葡萄苗はおおよそ一〇銭であるから約五三〇〇本の苗を購入したことになる。

また『記』（歴０９５０）によれば、明治十三年三月四日に髙野（正誠か積成か不明）が東京上野の撰種園の小澤善平から、二五円で葡萄苗を購入している。但し内金とある。

『証』（歴０９５１）によれば、明治十三年三月十一日に勧農局育種場から、米国種を二二〇〇本、仝池印を八〇〇本で合計三〇〇〇本を代価三〇円で購入し、荷送費が四〇銭である。

これとは、別に『証』（歴０２４９）は明治十三年四月十日に奥山栄寿が葡萄苗一〇〇本を請取り、『請取証』（歴０２５０）では明治十三年四月十一日に、雨宮廣光が苗一〇〇〇本を受け取っている。このことから、明治十三年三月に、大量購入した苗を各株主に配布したことが解る。

9 明治十二年・十三年の醸造石数

大日本山梨葡萄酒会社の醸造開始期の醸造石数については、不明な点が多く、麻井宇介氏も苦慮している。宮崎光太郎の明治三十六年の『大黒天印甲斐産葡萄酒沿革』では一五〇石を醸造したとあり、また明治三十九年『土屋合名會社沿革』では三〇余石とあり、なかなか確定できなかった。

湯澤規子氏は従明治十二年至明治十四年四月の『葡萄酒会社勘定書』及び『葡萄酒売上帳』の県博葡萄酒会社関連資料一括（歴0006、同0496）を分析し、明治十二年・十三年度の醸造石数を二〇九石としている。

ところが、髙野正誠の備忘録の一つである『葡萄酒会社　波𣏐多女』の産出高并代價捴計では、

十二年　三十石余　代價金千二百円・十三年　二百石余　紫葡萄酒十二年　三石　代價百二拾円　十三年
十石　代價不詳、葡萄製火酒　明治十二年　壹石　明治十三年　五石余

とある。紫葡萄酒というのは「山野ニ天然生スル葡萄ヲ以テ製ス」とあるヤマブドウ及びエビズルを原料としたものである。明治十二年の三〇石余と十三年の二〇〇石余というのは、赤葡萄酒と白葡萄酒を含めたものであろう。これらをすべて合計すると、二四六石となり、湯澤氏の分析数値に近い。

問題は紫葡萄酒である。明治七年に山梨県勧業試験場に洋種葡萄が導入されているが、祝村に洋種葡萄が導入されたのは明治十一年を遡らないので、大日本山梨葡萄酒会社はいくら早くても明治十三年からでないと、赤葡萄酒を生産できなかったと考えている。それを裏付けるように洋葡萄の購入は明治十三年からとなっている（歴0435）。

10 経営収支動向

社の経営収支動向については湯澤規子氏が、『葡萄酒会社勘定書』（歴０００６）ほかを分析した「葡萄酒会社の経営収支動向（明治12年から17年）」があるので、それに譲るとして、髙野正誠が控えた『葡萄酒波毘多女』から明治十四年と十五年のものを提示する。これを一覧表にしたので、より会社の実態を表しているものと思われる。特に明治十五年のものは上野晴朗氏も取り上げ、株主総会に提出したものだという。なお、〆などは必ずしも集計が合わない場合がある。

明治十四年の段階で、株金が目標額に達していない。葡萄酒買上ケの意味は不明であるが、山梨県勧業試験場との取引はわずかな資料しか確認できないが、金額が示すような取引があったのであろうか。干葡萄は当時のものは、蜂蜜で煮詰めるものであるが、葡萄の加工品を生産している点が注目される。苗代は別稿でも触れているが、葡萄苗を大量に購入して株主等に頒布している。また新古酒有高とは、在庫のことを表示しているのであり、会社の実態をより明確に表わしている。明治十二年の会社発足時から檽柑の取り引きを行っており、いち早く檽柑酒の製造に踏み切ったものと思われ、明治十五年段階でも製造を続けている。

表12　明治14年４月17日葡萄酒会社実際計算表

実際計算

入之部

項目	金額
株金	7,260.930
興商社	1,578.628
葡萄酒買上ケ	1,377.761
葡萄酒代	337.545
干葡萄売上	33.650
苗代	181.829
借用金	1,672.063
〆	12,442.406

出之部

項目	金額
葡萄買代	5432.770
雑費	514.290
醸造入費	128.543
利子	644.926
樽代	640.671
日當	22.720
器械買代	486.405
洋行費	3,031.064
貸付	150.000
薪代	142.641
墭コロップ	90.007
苗代貸金	682.033
密柑酒元金	30.000
雇賃	330.367
駄賃	37.826
有金	48.043
〆	12,442.406

右之通相違無之者也

明治14年4月17日

社長
雨宮廣光
取締役
内田作右ヱ門
雨宮彦兵衛
志村勘兵衛
加賀美平八郎
支配人
網野次朗右ヱ門

株主各位御中

表13　明治14年４月17日葡萄酒会社純益計算表

利益計算表

項目	金額
株金寄高	7,260.930
興商社借金	1,578.628
銀行其外他借金	1,672.063
〆	10,511.621

項目	金額
洋行費	3,031.064
器械買代	486.405
貸金	150.000
苗代貸金	682.033
榁柑代	30.000
薪有高	80.000
墭・コロップ有高	50.000
葡萄酒代貸	498.987
新古酒有高　198石1斗3升5合	9,386.400
但シ95掛ケトシテ187石2升8合	
ブランデー凡五石	450.000
有金	48.043
〆	14,893.032
差引　利益	4,381.411

前書之通候也

明治14年4月17日

社長
雨宮廣光
取締役
雨宮彦兵衛
内田作右衛門
加賀美平八郎
志村勘兵衛
支配人
網野次朗右エ門

株主各位御中

表14　明治15年３月20日葡萄酒会社実際計算表

葡萄酒会社実際計算表　明治15年3月20日

借方

入之部

項目	金額
株金	1,323.660
外ニ	1,976.320
興商社借用	1,068.317
葡萄酒買上ケ	2,439.078
葡萄酒売上	3,767.198
干葡萄売上	37.950
葡萄売上	49.270
苗代	518.887
密柑酒売上	3.250
手数料	27.814
借用金	823.063
〆	21,758.507

出之部

葡萄買入	8,409.183
雑費	106.157
醸造費	128.643
利子払	1,483.893
樽費	711.355
生ル金	500.000
給料	259.267
日当	284.120
器械費	683.338
洋行費	331.064
貸附	3,107.788
薪代	174.224
生金	60.000
壜代・コロップ・カスガイ	783.879
生金	210.000
苗代貸附	682.133
密柑買入	33.000
雇費	506.942
営繕費	3.937
駄賃料	407.101
有高	25.575
〆	21,758.601

表15　明治15年３月20日葡萄酒会社純益計算表

純益計算表

借方

株金	15,000.000
興商社當金貸	1,068.317
借用	823.063
借用　見込	649.769
〆	17,541.249

貸方

器械	680.333
洋行費	331.064
貸附	3,107.788
利子	372.360
株金貸	1,976.320
利子	307.100
薪代	60.000
壜・コロップ	210.000
苗貸附	213.523
有高	25.575
樽	500.000
雑費　葡萄酒其外	605.154
葡萄酒有高	9,552.440
〆	10,701.654
引残り金	3,610.505

右之通相違無之者也

醸造人
高野正誠
支配人
網野治郎右衛門
取締
雨宮彦兵衛
内田作右衛門
土屋勝右衛門
初鹿野市右衛門
社長
雨宮廣光

株主各位御中

第六章

山梨県勧業試験場

1　勧業試験場跡の圧搾機

甲府城跡鍛冶郭にあった勧業試験場付属葡萄酒醸造所の跡が発掘調査され、山梨県埋蔵文化財センターから『甲府城跡Ⅴ』として報告書[1]が刊行されている。そこには、地中梁と心柱が発掘調査されている。また、宮久保真紀氏が分析して論文[2]にまとめている。氏はこの心柱を男柱とするが、女柱が見当たらないことと、力学的にあり得ない構造であることから、これは回転柱の基礎である可能性が大であると筆者は考えている。

先ず、報告書から図と写真と計測値を転載する。

地中梁の大きさ

報告書28頁　高さ2m30㎝、縦横2m50㎝、心柱太さ50㎝の方形

31頁の実測図から再計測

高さ2m20㎝、心柱南北51㎝、東西46㎝、地中梁東西3m48㎝、南北2m64㎝

これは、明治六年にウィーン万国博覧会で入手した「獨逸農事図解」の圧搾器の回転柱の基礎ではないかと考えている。

①地中梁と心柱が上下の梁で固定はされているが、上方向の力に対して強固でない。

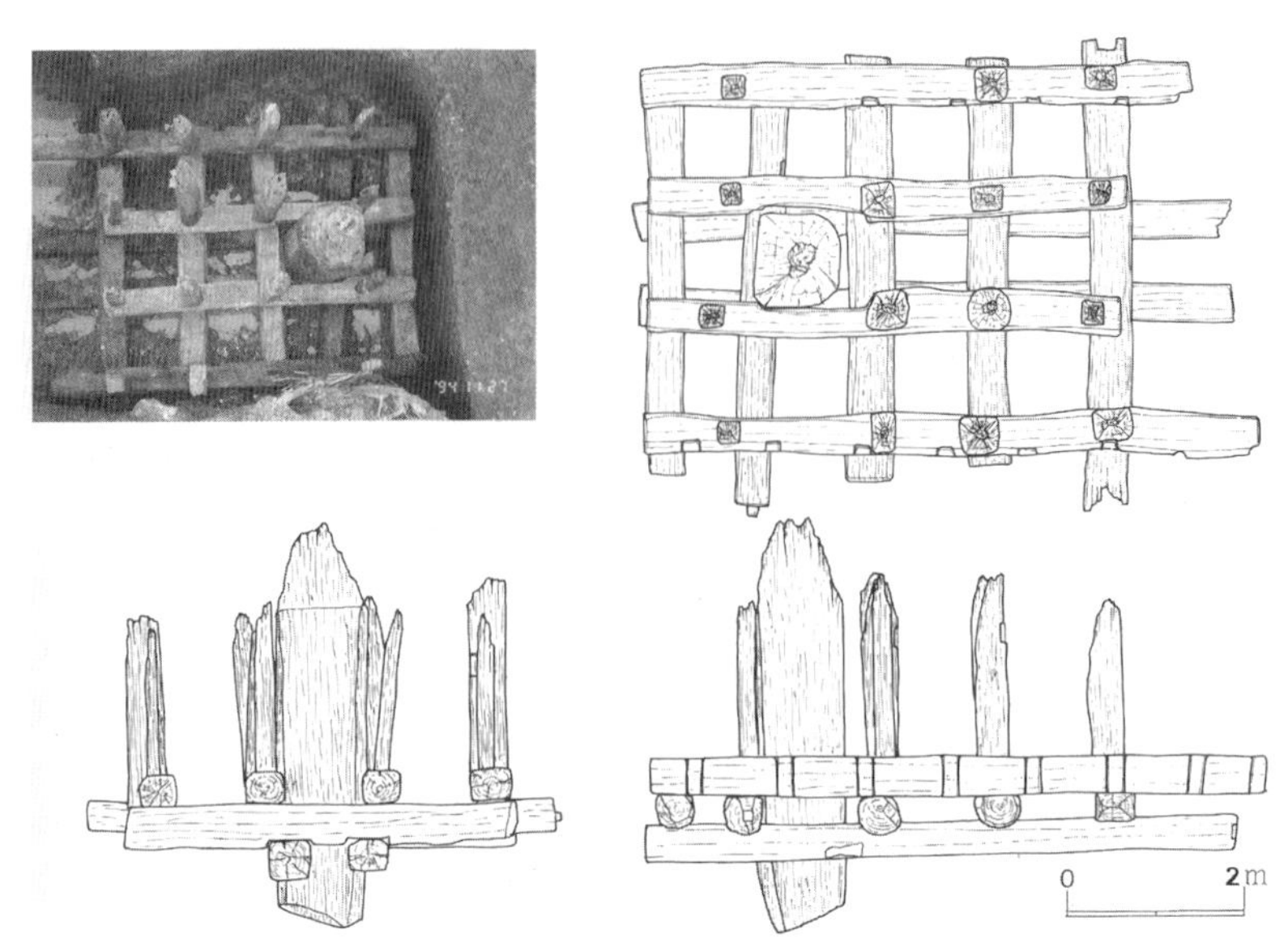

図４　甲府城跡の地中梁

図５　農事図解部分

②地中梁は心柱を左右の力に対して固定するものである。

この「獨逸農事図解」[3]は内務省によって邦訳され、配布されたという。しかしながら、これを設置したところは、山梨県勧業試験場以外には三田育種場ではないかと思われる。三田育種場については葡萄酒を搾った記録が前田正名の『三田育種場着手方法』にあるのみだが、土屋助次朗がフランスへ向かう船中で筆写したと思われるものが、『正明要録草稿』に載っている。

明治九年にこれだけの設備を設計施工できたのは、大工であった大藤松五郎ではないかと考えられる。彼の経歴の中に「一為葡萄酒試造機械取調山梨県下出張申付候事　明治九年年六月二十四日　勧農寮」というのがある。

また彼は明治十八年に盛田葡萄園の依頼により醸造機器の取り付けに行く予定であったが、フィロキセラの来襲のため断念している。もちろん、山梨県勧業試験場での経験を踏まえての依頼であったと思われる。

髙野正誠・土屋助次朗が明治十二年に帰国し丹念なスケッチをもとに三田農具製作所で制作されたバスケットプレスが導入されるまでは、このドイツ式圧搾機しか知られていなかったのである。

ただし、日本でもいわゆる棒締式圧搾機は日本酒はもちろん醤油にも利用されていた。大きな醸造元は大掛かりな施設であって、酒舟の下に女柱を置き、そこに男柱を立て、男柱から締棒を延ばし、この棒の先に錘をくくりつけ圧縮するものである。

一般の小規模な醤油づくりでは、ポータブル式の棒締圧搾機であったと思われ、『勝沼町史料集成』では車付というのがある。現在民俗資料の中に、この小型棒締式圧搾機を探しているが、バスケットプレスの影響で悉くネジ式のプレスに変わってしまっている。

註

1　山梨県埋蔵文化財センター（一九九五）『甲府城跡Ｖ』

2　宮久保真紀（二〇〇二）「甲府城内葡萄酒醸造所について―国産ワイン発祥地甲府―」『研究紀要１８』山梨県立考古博物館・山梨県埋蔵文化財センター

3　『獨逸農事図解』は東京大学などがインターネットで公開している。

2 勧業試験場付属葡萄酒醸造所の赤ワイン

第一回内国勧業博覧会に詫間憲久が出品したものは、大藤松五郎が醸造したものであったことは旧県史[1]にも記録があり、本人らの明治七年の醸造記録（『甲府新聞』明治八年二月十日）とも違い、山田宥教と詫間憲久が県に指導を依頼していることからも明らかである。

内国勧業博覧会には白葡萄酒、スウィートワイン、ビタアスワイン、ブランデーを出品している。この時は、赤ワインは出品されていない。ただし、勧業試験場がパリ万国博覧会に出品したものは、葡萄酒、スウィートワイン、ペートルス、ブランデー、米製ブランデーである。このうち、ペートルスというのは、フランスのペトリュウスの模倣で赤ワインと思われる。

第一回内国勧業博覧会に園部忠が勧業場産の洋葡萄を出品している。そこに「明治七年始メテ洋葡萄ヲ得テ培養ス。九年ハ結実纔ニ数十連ニ過ギザリシニ、十年ニ至リテハ数百倍トナリ……」とあるので、勧業試験場ではすでに明治七年には洋種葡萄の苗の頒布も行っていたものと推定される。

この園部忠は山梨県勧業課の官員であったと思われ、明治十三年一月二十六日に祝学校で開かれた大日本山梨葡萄酒会社の設立総会に立ち会っている。

勧業試験場では明治十三年には一万数千本の葡萄を植えているので、多量にあったことを考えれば、この洋種葡萄で赤ワインの醸造は可能である。または、山田宥教と詫間憲久は大エビと山エビで赤ワインを醸造しているので、この野生種のブドウの利用も捨てがたい。

大日本山梨葡萄酒会社の髙野正誠と土屋助次朗が明治十二年に帰国後初めて醸造したときは赤用の洋種葡萄

は結実しておらず、山ブドウを使ったことが記録されているが、これは赤酒とは区別されて紫酒とされている。醸造法は赤酒と同じであるとされる。

これ以上の記録はないが、パリ万博のペートルスは勧業試験場の洋種葡萄から醸造された可能性を指摘しておきたい。洋種ブドウからの赤ワインであれば、日本で最も古い記録の一つであることは間違いない。

註

1　山梨県（一九九八）「第一回内国勧業博覧会出品解説」『山梨県史資料編16』

3　勧業試験場付属葡萄酒醸造所の葡萄酒などの評価

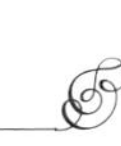

第一回勧業博覧会へ出品されたものの評価が『朝野新聞』の明治十一年一月六日の記事にあることを、上野晴朗氏[1]が引用している。ただし、これは勧業試験場のものと詫間憲久出品のものとを一括している。

ブランディーは純善たる洋製に異ならず
スウィート葡萄酒も其の名に負かず、甜味中に一種の酸味を帯び極めて美なり
白葡萄酒と米製ブランディの両種は、相応に風味あり、
ビットルスは、苦味の加減善し

と好評価である。出品解説では、詫間憲久は、白葡萄酒、ビタアスワイン、スウイトワイン、ブランデー、勧業試験場は米製ブランデーである。

次に明治十一年七月十四日の『往復記録[2]』に、

大藤氏醸造ノ葡萄酒上々ノ出来ニテ販売方宜敷由中ニモブランデー上出来ト申事

とあり、好評価であり、雨宮彦兵衛と内田作右衛門がフランスで伝習中の髙野正誠と土屋助次朗に送った書簡の一節である。

明治十二年四月三十日に松方正義が県令藤村紫朗に送った書簡[3]に、

御県於テ製造之スウイートワイン及ホワイトワイン之義其醸方純精ニシテ味モ頗ル佳ナリ

とあり、これも好評価である。

明治十三年六月五日の東京衛生局の分析が『山梨県勧業報告』第八号[4]に載っている。

白葡萄酒　美味にして「アルコール」の量も適当し白葡萄酒たる良性を具へたり
ブランデー　醇良にして真味を具へ毫も有害物を含めるを見す
スウイト酒　味甘くして美なり其比重の高さと砂糖の多きとを以て「リキュール」酒に属せり

とある。

明治十五年二月の『大日本農会報告』8号[5]で町田實則は、白葡萄酒とブランデーについて次のように述べている。

他県産ノモノニ比フレハ品位優レルヲ覚ユ、實ニ方今内国産ノ模範ト称スルモ敢テ溢美ノ言ニ非サルナリ

明治十六年に高松豊吉は『山梨外六県及京阪二府巡回ノ件』[6]で、

香味ハ稍々洋品ニ劣レルガ如シ

明治十七年の『甲州土産』[7]で細川広世は、

葡萄洋酒ナラザルヲ以テ欧州製ノ者ニ遠ク及バザルガ如トシ

註

1　上野晴朗（一九七七）『山梨のワイン発達史』原典が確認できないので、引用。
2　ワイン文化日本遺産協議会・甲州市（二〇二一）『明治十年仝十一年往復記録』
3　松方正義書簡、甲州市勝沼図書館蔵（令和四年十月八日）「松方正義書簡を読む」勝沼図書館講座
4　山梨県（一八八〇）『山梨県勧業報告』第八号
5　町田實則（一八八二）『大日本農会報告』8号
6　高松豊吉（一八八三）『山梨外六県及京阪二府巡回ノ件』
7　細川広世（一八八四）『甲州土産』

4 山梨県勧業試験場付属葡萄酒醸造所の伝習生

『山梨県勧業報告』第二号[1]には生徒募集の広告が掲載されている。その第一条に募集人数が書かれている。染色が廿名、職工が三拾名　男女共、製藍が五名、醸造が八名である。

『山梨県勧業報告』第貳号[2]には葡萄酒醸造法卒業生として岩崎吉之助の名がある。また、『山梨県勧業報告』第十三号[3]には葡萄栽培法卒業生として岩崎吉之助の名がある。さらに、葡萄栽培及び葡萄酒醸造法卒業生として、東京府平民中村仙之助、長崎県士族深江達吉、同県士族陣屋信三、高知県士族千屋孝忠の名がある。

また、明治十七年四月廿二日の県令藤村紫朗から農商務卿西郷従道あての「葡萄酒醸造所払下ケ及資本拝借金幷ニ同事業ニ使用セシ委托金棄損ノ義上申[4]」の中に、「既ニ本業伝習ノ為各地ヨリ入場修行ヲ乞フ生徒弐府拾餘県ニ至ル」とあり、伝習生が二府十余県に至るということは、十五名程度の伝習生が居たことになる。また、『農務顛末[5]』の明治十四年七月十一日の記述に「生徒若干名山梨県ニ至リ栽培醸造方法等伝習」とあり、福岡県から数名の伝習生が居たことになるが、姓名が明らかでない。明治二十八年の内国勧業博覧会に福岡県の早川壽百が葡萄酒を出品し、有功三等賞に該当しているのも、何らかの関係があるのかもしれない。

高知県士族千屋孝忠については、すでにメルシャンワイン資料館長の上野昇氏が調査しており、菅野覚兵衛(千屋寅之助)の兄弟の富之助の二男にあたるという。菅野覚兵衛は坂本龍馬の妻の妹である起美を妻としたので、義理の甥にあたる。地元では園芸家として著名であったらしいが、葡萄酒醸造に関わったか否かは現在不明である。

次に長崎県士族陣屋信三であるが、筆者の論文を読んだ静岡県近代史研究会の加藤善夫氏が、鈎玄社の葡萄酒醸造について調べており、すでに『駿河』の第四二号に論文をまとめておられた[6]。筆者にとっても静岡県でワイン醸造が行われていたことは初耳であったので、さっそく『山梨県勧業報告』を送付した。すると、久保田武人氏が同じ『駿河』の第五一号に「鈎玄社と手漉和紙[7]」という論文の中で、鈎玄社が明治十三年十二月に静岡県あてに勧業課陣屋信三の派遣依頼文を提出していることが判明したのである。

長野県平民岩崎吉之助については地元の博物館等にも問合せしたが全く不明であったが、なんと桂二郎について麻井宇介氏の著書を確認中に、愛知県の盛田葡萄園の葡萄樹植付を指導していることが判明した。麻井氏の叙述では盛田葡萄園の醸造施設建設のため、山梨県勧業試験場の大藤松五郎も呼ばれていたが、フィロキセラのため中断してしまったという。

なお、盛田久左衛門は大規模葡萄園を開設すべく、明治十三年に山梨県を視察しており、大日本山梨葡萄酒会社を訪問して、葡萄酒も購入している（歴００２５）。その後九月には「官林御払願」を県令あてに提出して、その中に山梨県に派遣する旨を書いている。またすでに、八月二十八日付で盛田治平が自費入塾の「願」を県令あてに提出している。このように、地元にしか資料が残らない伝習生がいたものと思われる[8]。

以上五名の内三名までその活躍が追える。山梨県勧業試験場の伝習生は当時最先端の知識と技能を具えた人々であったので、各地の勧業課等に呼ばれている可能性が高く、静岡県の例の如く、日本全体の中では、全く隠れたワイン史もあるように、こうした例が今後も続出することを願っている。

註

1　山梨県（一八七九）『山梨県勧業報告』第二号、明治十二年二月五日発行
2　山梨県（一八八〇）『山梨県勧業報告』第貳号、明治十三年二月三日発行
3　山梨県（一八八〇）『山梨県勧業報告』第十三号、明治十三年十月十五日発行

4　明治十六年の「山梨県葡萄酒醸造所払下之義伺」の一連の文章のなかにある県令藤村紫朗から農商務卿西郷従道あての「葡萄酒醸造所払下ケ及資本拝借金幷ニ同事業ニ使用セシ委托金棄損ノ義上申」の書簡　国立公文書館

5　農商務省（一九五二）「桂二朗巡回ノ義ニ付キ福島・鹿児島二県へ通報ノ件」『農務顛末』第一巻

6　加藤善夫（一九八六）「富士郡伝法村・鈎玄社史料」『駿河』第四二号

7　久保田武人（一九九七）「鈎玄社と手漉和紙」『駿河』第五一号

8　盛田家文書目録　XⅦc－16

5　大日本山梨葡萄酒会社と山梨県勧業試験場との関係

従来山梨県勧業試験場と大日本山梨葡萄酒会社との関係について論議されることもなく、全く別の組織として認識されてきたように思われる。しかしながら、山梨県勧業試験場付属葡萄酒醸造所は、日本最新の官営の葡萄栽培と葡萄酒醸造施設であり、このことを学ぼうとすれば、欧米に留学するか、留学者から学ぶほかにない状況であった。

この施設は、先進的な設備と人材を揃えた施設であったので、後発の大日本山梨葡萄酒会社は、醸造人として、髙野正誠、土屋助次朗が居たとは言え、勧業試験場が一歩先んじていたので、いくつかのノウハウの蓄積もあったと思われる。

明治十三年の日誌（歴０４９７）には、しばしば勧業試験場が登場する。まず明治十三年の一月二十六日の大日本山梨葡萄酒会社設立総会というべき集会が下岩崎の祝学校で開催され、その時県官員の福地隆春、園部忠、大藤松五郎が出席し、福地が議長を務めている。その後たびたび勧業試験場の官員が視察者を下岩崎まで案内している。同日誌によれば明治十六年五月五日にフランス人（ドクロン）と桂二郎を園部と大藤が案内して会社を訪れている。

『葡萄酒会社出入帳』（歴００２５）の明治十三年八月四日の記述に「出金弐銭　甲府勧業ヨリ郵便賃」とあり、八月十七日の記述に「一金四十銭　内田庄兵衛　勧業所行　日當相渡ス」とあり、また、『葡萄酒会の社卸売』（歴０３４６）に明治十三年八月十六日「一半赤酒　拾五壜也　是者勧業場ヨリ廻ル　代金四円九十九銭七厘」とある。髙野正興家文書の中に表紙が欠けた会計帳があったので、『葡萄酒会社出入帳　明治十四年～十五年』と仮称しておく。そこの明治十四年四月十日の記述に「一金拾銭　勧業所ヨリ葡萄酒取引人足ニ弁当料」とあり、また明治十四年十月廿一日の記述に「一金七拾銭　厭障木組立ニ付勧業掛リ渡辺　米壱升一人止宿払」、十二月廿九日「一金六拾銭　試シノ為メ勧業製スイト買入代」とある。明治十六年の『惣勘定取調』（歴００３２）には「一金九円九十三銭三厘　勧業試験場」とある。このように、大日本山梨葡萄酒会社と山梨県勧業試験場との交渉は頻繁にあったと思われる。

髙野正誠・土屋助次朗はフランスでワインの醸造法を伝習したので、アメリカの製造法であるスウイトワインについては、帰国後に学んでいたと思われるが、勧業試験場の大藤松五郎もしくは、東京葡萄酒会社の北澤友輔及び井筒友次郎から学んでいた資料はないので、文献等から学んだのであろうか。

『出入帳』（髙野正興家資料）の明治十三年四月十日の記述では、葡萄酒を実際購入したか否かは不明で、十二月二十九日の記事ではスウイトワインを六〇銭で購入している。「試シノ為」とあるので、先行した醸造所の酒がどんなものか調べてみようとしたことが窺われる。この時勧業試験場のスウイトワインは三五銭で販売しているので、卸値で二本購入したのであろうか。

第七章　醸造法と醸造具

1 醸造法

❐山田宥教と詫間憲久の醸造法　明治七年

醸造法は小澤善平の『葡萄培養法続編』上下や髙野正誠の『葡萄三説』は詳しく、要約することが困難であるが、新聞や広告などには、非常に端的に書かれている。そこで、その文章をそのまま平易にして、箇条書きに改めて理解しやすいようにした。

白葡萄酒醸造法

①客年は勝沼産にて醸造す
②葡萄完熟したものを晴天に採る
③敗子と未熟とを除く
④精熟の実を槽に入れ、葡萄液の10分の3を絞る
⑤上下積替10分の5を絞り
⑥又前の如く10分の2を絞る
⑦液を桶に移し直ちに乾ける麦麹を入る（液の10分の1）
⑧榾にて頻に攪き沸騰を醸し蓋をなす

⑨1時間毎に前法の如くす
⑩凡1昼夜或は20時間にて泡立ち沸て昇降す
⑪此時醸造所寒暖計65度以下60度以上を適当とす
⑫大抵5～6日を経て沸声稍穏なり
⑬此時甘味去て苦味を生し渋みを催すを計りて
⑭木綿布を用いて漉し桶に入れ、密封しておくこと7日にして酒中の涎悉く沈底す
⑮此時涎より上の方に小さなる穴を穿ち、桶に瀉入し、
⑯又密封し置くこと7日にして酒石は桶の肌に凝着して清酒となる
⑰是を他の桶に瀉入し
⑱凡20日程にして真の清酒なり始めて飲料に供すべし

赤葡萄酒醸造法

①此絞液凡白葡萄の如くし
②醸造桶に盛り麦麹を加え（液の10分の1）
③頻々楫を以て攪き沸騰せしめ蓋をなし2時間毎に之をかく
④2昼夜より3昼夜にして沸騰昌んなり
⑤又5日より7日に至り沸声漸く衰え
⑥甘酸の味化にして苦味渋を帯に至り
⑦木綿布を以て漉し他の桶に瀉入し密封す

⑧１０日以上を経て酒中の浤沈底するを窺い
⑨他の桶に瀉入し２０日以上を経て酒石悉く桶肌凝着す
⑩此時又他の桶に瀉入し２０日以上を経て全く清酒となり

❒大藤松五郎の醸造法　明治九年

第一回内国勧業博覧会に詫間憲久が白葡萄酒などを出品しているが、この醸造人は大藤松五郎である。

葡萄酒

①葡萄は生を匡に盛りて茎を去り圧搾機に入れ圧潰す
②搾槽に移し汁液中に沈殿せる渣滓を濾過し去り
③その澄汁をゴムカンを以て醸樽に送り窖中に静置こと凡そ５週間
④醗酵の気止むをそうろうて醸樽の下部に設くる注管の柄子を脱し
⑤澄液を挹み取りて他の清潔なる醸桶に移し
⑥前に用ふる所の醸樽に沈殿せる滓を去る（この滓は貯めて火酒醸造の用に供す）
⑦後又７週間毎に此くすること３回にして醸熟す

※窖中＝コウチュウ＝穴蔵
※柄子＝栓

※此くすること＝澄液を掲み取りの事をさす。

※特に葡萄酒の醸造法として変化に富んだものとはみとめられない。『山梨県勧業報告』第八号　明治十三年六月五日に、東京衛生局が分析した結果が報告されている。それによればアルコール濃度は9・5％で「美味にして『アルコール』の量も亦適当し白葡萄酒たるの良性を具えたり」と評価されている。

ビタアスワイン（苦味の葡萄酒）

①葡萄の汁液に火酒およそ3分の1及び葡萄舎利別6分の1を和し

②前次の法を用て菖蒲根、橙皮、肉豆蔻、コリアンタルシーゾ、シナモン、クローブス、ウイジニヤスナクロット、ヂンタイン、アイヅグラスを和す

③およそ6週間を経て飲用

スウイトワイン（甘味の葡萄酒）

①醸造の前硫黄を塗抹したる綿布を銅線に纏ひ火を点じて醸樽に納れ

②即時にゴム管を（搾槽より接続せるもの）を以て果汁を注入

③これを窖中に静置することおよそ3週間にして渣滓を去り

④その澄液を取ること3回

⑤火酒1０分の1を調和し

⑥6月間を経て飲料に供す

ブランデー（火酒の名）

①葡萄酒を製したる果実の滓或は其醸造樽に沈殿せる滓等を用いて一旦これを醸成して蒸缶に移し
②蒸留して後にアルコールメートル（酒精試検器）を以てその度を試み、52度昇騰する度
③菖蒲根、茴香、ブローム（独逸産梅の類）、葡萄醋の五味を加える
④6月間にして飲用

❐髙野正誠の醸造法　明治十四年

大日本山梨葡萄酒会社の醸造人の一人である髙野正誠の醸造法が彼の備忘録の一つである『葡萄酒会社　波屹多女』にある。

素質
　本縣下に産する内国種の葡萄実を供す
製造法
①精熟したる葡萄菓を以て之を盡り壓潰し其液水を醸桶に入れ
②静置するを凡2周間を経過し醗酵の止むを俟て
③下部に設る處の柄子を脱し澄液の部分を把用し

④将た他の樽に移し猶沈殿せる滓を去るを2〜3回
⑤蓋し醸造中温度を量を肝要なり
⑥且つ清酒樽に納るとの後は密封するを厳なるを好とす
⑦月毎に清酒の減ずるあり
⑧故に之に加へて桶中に充満せしめ上穴より焙を採り以て保存を為す

❐土屋龍憲の醸造法　明治二十三年

土屋龍憲の醸造法は『葡萄栽培幷葡萄酒醸造範本』においても、『往復記録』においても極めて簡素である。以下の宮光園資料（M０７８７８）は明治二十三年の内国勧業博覧会に出品する時の下書きであろうと推定される。これが宮光園資料のアルバムの中にあったのである。アルバム自体は昭和三十年から四十年代と推定できるものである。

その中から醸造に関する部分を箇条書きに改めて表記すると次のようになる。

白葡萄酒

①白葡萄酒は山梨縣祝村に従来より産出する（一名甲州葡萄を以て）醸造す
②葡萄を取集め一時に破砕器に掛け之を速に圧搾し液水を醸桶に入れ
③醗酵の後（ヲリ引を為すが肝要なり）の別桶に移し
④年度経過せしむるを以て葡萄酒の上等物とす

⑤最も年度経過の保護法に至つては酒勢の多少酒質の充缺等に依つて種々の法方あれも
⑥之れ誠に数年の實業経研に依らずんば能はず
⑦唯葡萄酒一様に取扱うべきものに無之為めに
⑧爰に保護法の如きは記せず通常醸造する葡萄酒は右の如し

赤葡萄酒

①赤葡萄酒は破砕器に掛けたるものを以て醸桶に其の儘移し（之れは欧米種の葡萄を以てす）
②醗酵の後ち（ヲリ引をなし）然して
③年度の経過保護法に至つては白葡萄酒に異なるへし
④通常販賣するも3年の後ちにあらざれば欧州等に於ても飲料に供するべし
⑤我が醸造等も該地の方法に寄つて醸造し
⑥且販賣等も3年の後ちに至つて為ものなり
⑦明治十二年より本村に葡萄酒会社を設け爰に於て開業す
⑧仝十九年仝會社員の意見合ざる為め解散せり
⑨依て会社の器械等悉皆譲受け十九年より五十八番地に於て醸造す
⑩沿革履歴等は別紙に詳細記載す

❐宮崎光太郎の醸造法

宮崎光太郎自身がどの程度醸造に関与したかは定かでない。彼は殆ど東京に居を移し、もっぱら販売に終始しており、多くの消費者と接していたことから、売れるワインに精通していたことは、その書簡等から窺い知れる。醸造は地元で父親の宮崎市左衛門と従業員が醸造人の届を出している。

その醸造法は、幸いなことに『醸造試験所報告』[1]に記載がある。一連の文章を箇条書きに直してみると、次のようになる。前書きにこの方法は多年の経歴を基礎となし、むしろ熟練のみにて依頼するものとすと表記がある。

①果実成熟せば青天をとして採収し暫時室内に拡散す。その摂氏24度ないし28度に冷却するを俟ち
②これを破砕機にかけ果柄を除去し、この際滴下する汁液約40％を白葡萄酒原料となす。
③これを小樽例令は1石容量のものに移し多少の空間を存し、1石に対し1貫500目の砂糖を加え攪拌し25日ないし27日にて滓引きをなす。
④残部はこれを赤葡萄酒用に供す。
⑤赤酒はやや大なる桶（21石入）に入れ、砂糖は1石に対し2貫目の割合に添加し克く攪拌し中蓋をなし
⑥醗酵を催進を俟つ。おおむね7～8時間に於いて醗酵を始め、3日目もっとも旺盛なり温度の測定をなせしことなく経験によりてその適否を認定し、10日前後に粕と分離し、20日間を経て滓引きをなす。
⑦白酒は10石以上の容器について試みしに、結果良好ならざりしを以て、爾後3石以上の樽を用ひしことなし

⑧また醗酵中櫂を入れることを避く、赤酒もまた物料に緩綢の不同なきときは攪拌を行はざるもの色澤風味において優るという。
⑨餘後の貯蔵は白酒は小樽、赤酒は大樽いずれも太鼓樽にして水楢を用ゆにおいてし
⑩涼なる位置を選び静置するを常とすれとも、にわかに多量の醸造をなすときの如きこれを実行し難し。
⑪宮崎氏の使用せる原料はまたアヂロンタック及びコンコード、イザベラ等にして
⑫自然酵母を仰望し培養酵母の添加を欲せず、
⑬ただし粕離れの際、酒精法律上1％を加へ、依て以て葡萄酒の品位を昇進せしめ得るものとせり。

註

1　今井田収（一九〇五〈明治三十八年〉）「山梨縣葡萄酒並ニ清酒醸造視察報告」『醸造試験所報告』第六号

❒東洋葡萄酒株式会社の醸造法

『醸造試験所報告』第六号　明治三十八年に会社名も個人名も不明な組織の醸造法の報告がある。「同所ハ旧山梨葡萄酒株式会社ノ建物ヲ継キ之ニ多少修繕ヲ施シ本年始メテ醸造ヲ試ミタルモノニシテ現時貯蔵若クハ清澄操作中ノモノトス而シテ純粋酵母ヲ使用セラルモノノ創始トナス」とある。よって山梨葡萄酒株式会社を引き継いだのは東洋葡萄酒株式会社であるので、この醸造法はこの会社の方法である。なお、山梨葡萄酒株式会社は明治四十年に解散しているが、すでに三十四年には休止状態であるので、旧という表現になったものと思われる。

この会社は上野晴朗氏によれば私設の山梨葡萄酒試験所から出発したといい、明治三十八年五月に三井尚治、

角田為若ら十四名で東洋葡萄酒株式会社を立ち上げ、薬学博士の下山順一郎及び東京税務監督局の技手尾沢孝光の指導を得ていた。よって逸早く自然酵母ではなく、純粋酵母を使った醸造を始めたのである。

①明治三十八年九月十日午後六時着手
②葡萄の種類　コンコード　酵母の種類　純粋培養ボルドウ酵母
③十一日午前十時全搾汁約5石7斗2升を得
④これに石毎に30斤の割合をもって砂糖を加え押蓋をなし
⑤十二日目午後三時粕を分離し
⑥二十五日目第一回滓引きを行へり
⑦この際酒精含有量重量にして8・8％なりしと云う
⑧原搾汁液100cc中にては糖分葡萄糖として13・06瓦
⑨総酸酒石酸として0・5025瓦を含有セリ（以下これに準す）
⑩その温度経過表別紙の如し
⑪第二　同九月十二日午後六時搾汁液1石6斗3升（糖分14・08　総酸0・5625）を得
⑫葡萄の種類　コンコード　酵母の種類　スタインベルヒ純粋酵母
⑬直に酵母500ccを添加し
⑭翌日午後四時砂糖3貫500匁を加えたり
⑮九月二十四日午後別樽に移し
⑯十月六日滓引を行へり
⑰この際酒精含有量は約8・00重量％を示せり

⑱第三　九月十六日午後五時搾汁液約５石を得
⑲これに砂糖１６貫匁を加え
⑳同日午後十時コーペンハーゲン純粋酵母約２立を添加せり
㉑室温摂氏１９度乃至２３度にして
㉒液温は第三日午前摂氏３９度を示せり
㉓七日目午後粕を分離す
㉔液温摂氏３３度爾後漸次低下し
㉕十二目には液温摂氏２１度を示し室温との差僅に１２度となり後ち温度の高低少なし
㉖二十日目第一回の滓引をなし貯蔵せり
㉗八日目には酒精含有量６・７重量％を示し
㉘越えて十日目には８・２％に増加せりと云う

2 スウイトワイン

スウイトワインこそ大藤松五郎がアメリカで学んだ成果である。その製法は『山梨県史資料編１６』に収録されている。それを要約すれば、

①醸造の前硫黄を塗抹したる綿布を銅線に纏ひ火を点じて醸樽に納れ
②即時にゴム管を（搾槽より接続せるもの）を以て果汁を注入
③これを窖中に静置することおよそ3週間にして渣滓を去り
④その澄液を取ること3回
⑤火酒１０分の1を調和し
⑥6月間を経て飲料に供す。
（ひらがなに変換）

とある。最初に硫黄燻蒸をする目的がここでは不明で、葡萄液は醗酵しているか否かの記述もない。静置した葡萄液に火酒とあるから、葡萄から造ったものは葡萄焼酎もしくはブランデーである。つまり葡萄液に濃い濃度のアルコールを混ぜた、リキュールと判断される。後に『山梨県勧業報告』第八号で分析結果が報告されリキュールとしている。

明治二十三年髙野正誠が著した『葡萄三説』に詳しい製法が記されている。要約すると次のようになる。

①アメリカで作られ、欧州ではほとんどない。
②フランス人は嘲笑いて「アメリカシャンパン」という。但し、これはシャンパンとは違うが、甘みの強いよいお酒である。
③白葡萄及び紫葡萄を原料とする。
④これは醗酵させないで、甘みをそのまま用いるものである。
⑤醗酵させて作る葡萄酒やシャンパンとは違うものである。
⑥砂糖を加える人もあるが、葡萄液の醗酵しないまま数日経たものは異常に甘い。

製法は次のようである。

①完熟した葡萄を摘み取ってくる。
②葡萄は醗酵しやすいので、直ちに圧搾して葡萄液を得る。
③その葡萄液は硫黄を薫じた桶に移し、温度6度以下の寒冷の場所に静置する。
④もし醗酵の兆候があれば、別桶に移す。
⑤移し替えをする桶は硫黄を薫じたるものを利用する。
⑥滓を取り除き、1石に1合のアルコールを投入すること。
⑦数回、桶内に硫黄を薫じて、発酵を防ぐこと。
⑧1日から15日で液が澄めば、別桶に移して4度以上のアルコールを2～3割混入する。
⑨さらに、液を透明にするために魚膠7匁乃至10匁を混入する。
⑩これを別桶に移して1日あまり静置する。

高野の詳しい説明でよく理解できる。フランス人が嘲笑いて「アメリカシャンパン」といったとある。スウイトワインは大藤松五郎がアメリカで八年間修業してきた成果である。硫黄燻蒸は醗酵防止のための作業であり、高野の記述によれば醗酵の兆しがあれば、別桶に移し、この桶も燻蒸しておくということになる。合理的で早く、いかにもアメリカ人の発想によるものだと理解される。しかも途中の失敗がほとんどないものと推量される。

なお、高野正誠と土屋助次朗が醸造技師であった大日本山梨葡萄酒会社もこのスウイトワインを製造しているが、高野・土屋はこの製法を帰国後に学習した。それはフランス方式ばかりでなく、売れる酒を造ろうとする会社の経営方針に従ったものであろうと推測される。

3　醸造用樽の製作

宮崎葡萄酒醸造所では、醗酵用には日本酒の醸造用の大型の樽というより桶を使用し、熟成用にはいわゆる西洋樽を使用している。これは絵葉書などでよく宣伝もされている。おそらく、ヨーロッパの醸造家が見れば、違和感を持ったものと思われる。

山梨県勧業試験場付属葡萄酒醸造所の実態が不明であるが、ここでも担保として接収した詫間憲久の醸造具等を使用していたので、日本式の桶を使用していたと思われる。

大日本山梨葡萄酒会社が明治十二年に初めて醸造するときに、破砕機や圧搾機が三田農具製作所から届いていたかは不明であるが、木製のフランス式の破砕機・圧搾機を製作し、その他は雨宮彦兵衛の日本酒醸造所とその器具をそのまま利用し、勧業試験場からも器具を借りている。

明治十年の内国勧業博覧会に詫間憲久は西洋樽を出品する。それによれば「楢板ノ厚薄、長短ヲ適宜ニ製シ之ヲ蒸桶ニ入レ蒸スコト二、三時間、其未ダ温気去ザルニ乗ジ規砧ニ嵌入シ彎形トナシ曝乾ス。乾キ定レバ之ヲ鉋削シ数片ヲ合セ底板ヲ入レ薄匾ノ鉄箍ヲ嵌メ、浮釘ヲ以テ之ヲ打著ス。[1]」彼は明治六年に試醸しているので、この時すでに西洋樽を入手していた可能性がある。それ故国産化を目指したのであろう。

髙野正誠は『備忘録[2]』で次のように述べている。「醸桶ハ日本酒屋ノ古桶ヲシテ杉打物ナルモ妨ナシ然レドモ保存樽ハ必ス水楢ヲ以テ製スベシ将西洋形ノ樽ニアラザレバ叶間敷候」つまり、熟成用には西洋樽でなければならないとしている。

また、材質については『葡萄三説[3]』で「其最良なるは水楢を推すべし、されども時と場合に由り之を得るに難くんば楢槲櫟等便宜採用して可ならん」としている。ただし、筆者がくらむぼんワインの野沢貞彦会長にお話を伺ったところ、日本材はよろしくないということであった。それ故現在は皆無なのであろう。

年代の記録はないが、大日本山梨葡萄酒会社は現在の甲州市塩山落合の田辺某に楢材の注文をしている。[4] やはり、ここでも国産化を図ったものである。宮光園資料[5]に『楢板調査帳　宮崎・米山　明治三十六年七月十二日』がある。ここでも楢材の調達をしている。

青森の藤田葡萄園[6]でもやはり国産の樽造りをしており、写真が一枚掲載されている。なかなか実物の西洋樽が入手困難な地域にあって、非常に苦労して西洋樽を製作した様子が写真からも読み取れる。

かつて鳥取県青谷上寺地遺跡の木製品をつぶさに観察する機会を与えられた。その時建築関係の研究者から、こんな節一つない木製品は何百年間も管理された杉材の賜物だと言われた。ただただきれいな木材だとぼやーと見ていたのに大変なことに気付かされた。それ以来事あるごとに、ワイン樽を見ているが、一回だけ節らしきものを見たが、ほとんどまったくない。オークの森は何百年と管理されているものと思われた。

ところで、フレーザーの『金枝篇』という著名な書籍があるが、とても長くて一読するのも大変であるが、ある時捲っていると「オーク崇拝」という章に出合った。ヨーロッパでは先史時代の湖上住居もほとんどオーク材、その実は食料で近年まで二皿目はオークのパンという地域もあり、かつてはオークが主食と思わせる記述もある。どうもヨーロッパのオークの実はアク抜きを必要としないらしい。用材として食糧として飼料としてオークは人々の生活には欠かせないもので、やがて神聖視されて現在に至っているのであるという。なお、「金枝」というのはオークに生えたヤドリギのことらしい。

そうすると、葡萄酒樽に対するヨーロッパ人の感情は我々とは全く別ではないかと思われる。人々の生活に欠かせない神聖な木であるオークで樽を造り、また、キリストの血にも擬せられるワインを入れて熟成させることは、樽も酒も神聖なものということであろうか。

なお、また髙野・土屋の『往復記録』[7]の中に時折「椚の実拾い」というのが出てくる。これはおそらくオークの実ではなかろうか。

『葡萄栽培幷葡萄酒醸造範本』[8]では「桶木ハシエーヌト称シ我国椚ニ彷仏タリ之レヲ第一桶木善良……」としているのでやはりchêneは椚でなくオークなのである。ほかにも「シャンデンギユ（之レ我国ニテ称スル栗ノ木ナリ）」としているのはツクバネガシであろうか。

蛇足ではあるが、かつて宮光園の整備中小屋裏から多量のガマが発見されたという。その意味が不明であったことと、経年変化で腐敗寸前であったため処分した。吉羽和夫氏の『葡萄酒とワインの博物館』[9]にはガマがパッキンとして紙状になった写真が掲載され、なるほどと思った次第である。

輸入樽の修理はもとより、国産樽の作製もなかなか史料がないと思っていたら、大日本山梨葡萄酒会社の『樽買入帳　従明治十二年十二月到明治十七年八月』[10]という史料があることに気付き、さっそくデータ化した。まず横浜若尾より出荷された樽の石和より駄賃（富士川舟運を利用）、甲府桶屋清水藤兵衛の樽直し賃と鋲ゲン能代、この他桶屋は大島孫右衛門、牛山安兵衛、清水伝兵衛という人物もいる。また樽仕立に高野幸吉という人物もいる。甲府魚町万屋弥兵衛への帯鉄の代金、帯金は甲府伊勢屋、藤井屋からも購入し、東京の河内屋からも購入している。鋲代を柏尾かじやへ支払い、若尾出樽の駄賃が笹子村からというのもあり、樽は富士川舟運ばかりでなく、甲州街道も使って祝村へ運ばれたのである。樽の木材については、田辺惣運と木代を岡村原太郎に支払っている。樽直し道具代を勝沼鍛冶屋に支払っている。

樽職人の高野幸吉というのは地元の人の可能性があり、勝沼鍛冶屋、柏尾の鍛冶屋もあり、楢材は前掲史料から現在の甲州市落合から購入しているので、帯金は甲府ほかから買入れざるを得なかったが、地元でも職人も材料もほぼ調達できた可能性がある。宮光園の映画フィルムには樽職人が数人映っている。その宮光園資料『萬事日記控簿』[11]には甲府桶職人鈴木周太朗という人物が登場する。

なお、大日本山梨葡萄酒会社が使用していた樽の容量はおおむね一石一斗から二斗前後のものであることが明治十四年の『葡萄酒売帳』(歴0020)から判明する。

さて、下の写真は勝沼図書館に寄贈されたもので戦後間もない頃のものであるという。戦争のため輸入樽は殆どなかったと想像される。トラックいっぱいに積まれた比較的大きな樽と見なされる。

写真から、樽の表面にシミのようなものが多数見受けられる。これは、木材の節の部分である。欧米のオークのように、数百年単位で管理されていない木材を使用した結果なのである。スギ、ヒノキならともかく、ナラは基本的には燃料としての利用で、用材としての利用はなく、枝打ちをして、管理しようとする文化はなかったように思われる。また、樽の縁の部分が見えるが、比較的薄いように思える。

図6　戦後の地元産樽

註

1　山梨県（一九九八）『山梨県史資料編16』63頁
2　髙野正興家資料は甲州市教育委員会で解読している。『備忘録』もその一つ。
3　髙野正誠（一八九〇）『葡萄三説』
4　山梨県立博物館　葡萄酒会社関係資料一括　歴0122、0335、0340

5　宮光園資料　M07100
6　藤田本太郎（一九八七）『弘前・藤田葡萄園』
7　髙野正誠と土屋助次朗の往復書簡の控えである。この記録は甲州市で二〇二一年に解読して刊行している。
8　土屋助次朗が明治十一年に書いたものに醸造に関する部分を追加したもの『勝沼町史料集成』勝沼町（一九七三）
9　吉羽和夫（一九八三）『葡萄酒とワインの博物館』
10　勝沼町役場保管文書K－73
11　宮光園資料　M08059『萬事日記控簿』

4 道具類

大日本山梨葡萄酒会社が雨宮彦兵衛の醸造所の道具を返還したときの『醸造諸道具小拾書』（歴００８５）によれば、次のような道具類が書き出されている。

一清酒囲桶　拾九本
一醸造手傳桶　五本
一壺臺桶　弐本
一半切　大小廿弐本
一溜桶　三本
一糀桶　三本
一酒酌　弐本
一大釜　壱個
一中釜　壱個
一蒸留上ハ釜　壱個
一楷子　大小弐個
一踏臺　壱門
一米浸桶　壱本

これに、勝沼町保管文書『機械買入帳』（Ｋ２－８６）から主要な部分を抜き出すと、

一壜棚
一�砕器械
一葡萄ツブシキカイ
一水揚ポンプ
一葡萄酒搾リ器械
一樽仕立器械用材
一洗壜棚
一農具製作所圧埣木
一搾リ器械代

この他に、明治十四年六月十五日に農務局農具製作所から葡萄圧搾機一個（歴０５５０）、また明治十四年三月十六日に農具製作所から購入の葡萄圧砕機について清水港経由での経費等が記された文書（歴１０８５）が残る。また、明治十六年に農具製作所の脱種機を借りていたので、県勧業課から明治十七年に返還するよう通知が来ている（歴１０７８）。また明治十六年の『金銭出納帳』（歴００３４）に「未第二月九日　出金拾五円八十三銭五厘　東京三田製作所アーサキ代不足相払」とあるが、このアーサキが不明で誤読かもしれない。

また大日本山梨葡萄酒会社の醸造法については、髙野正誠の記録簿の『葡萄酒会社　波琵多女』の中の「葡萄酒解説」に簡素記述されており、機器については次のようにある。

建物
桁行弐拾間　梁間拾間　附属建物壹ケ所
（これは、葡萄酒会社関係資料一括『歴０４５３』でより詳細に判明する）
製造器械
壓潰（仏国普通ノ器ヲ模倣ス）
壓搾器（之モ仏国普通ノ器ヲ模倣ス）
製造器械
仏国普通（アランビツノ）ニ模造セシモノヲ用ユ

また、道具類については、髙野正誠の『葡萄三説』と土屋助次朗（正明）の『正明要録草稿』にスケッチがある。

5 馬鈴薯油

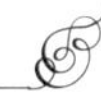

高野正誠の『葡萄三説[1]』に馬鈴薯油というものが出てきて戸惑ったが、この本の中に説明があった。384頁に、

馬鈴薯より「アルコホル」を製出するには、良質のものを撰び外皮の剝脱する位に洗い上げて之を蒸楼に盛りて釜上に加え熱湯もて蒸煮し十分柔軟ならしめたる後搗砕して捏粉の如くならしめ暫く放冷し置き、さて其澱粉をして糖化せしめんには之に百四十度の湯三倍の量を和し三分一の麦蘖粉末を加え劇く攪拌し四五時間放置するときは澱粉漸く化して糖分と為しり甘みを生ず……

とある。つまり馬鈴薯のデンプンを麦蘖を用いて糖化するのである。ワイン醸造に砂糖を加えることは、しばしばあり、この砂糖の代わりに、馬鈴薯油を用いるのであろう。

また、鴨田脩治の『酒類醸造法講義[2]』に次のような記述がある。15頁に、

甘藷や馬鈴薯にて製るには、此等のものに温湯及び少量の麦芽を混し、之を搗き砕き放置し甘き汁を生じせしめ、これに大麦の麹を加え醗酵さしめて酒にするのである。

葡萄酒醸造には、葡萄の糖分がなくてはならない。しかし天候不順や病害虫の影響で十分糖分が確保できな

い時は、この馬鈴薯油を用いるのであるが、醸造地域において一般的な方法であったかは、確証が得られない。

註

1　高野正誠（一八九〇）『葡萄三説』
2　鴨田脩治（一九一七）『酒類醸造法講義』脩学堂書店

第八章　余る雫

1

山田・詫間の葡萄栽培

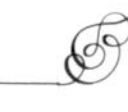

津田仙が明治十年に『農業雑誌』二十九号に発表した「甲州葡萄の説」に興味ある記事がある。

予は亦甲府に至り詫間氏山田氏の居寓を訪ひたるに諸氏は其近傍に培養したる葡萄野生の葡萄より醸造したる葡萄酒を以て予を餐待せり

とある。注目すべきは其近傍に培養したるという記述である。培養とは栽培をしていることで、『甲府新聞』の記事からは、明治七年に醸造をしている。この時、山エビと大エビを原料としており、明治七年はこの山エビが不熟で醸造しなかったとある。

葡萄はおおむね三年で結実するので、山田・詫間の培養も明治三、四年のことと思われる。おそらく、『大日本洋酒罐詰沿革史』は培養が始まった時期と醸造の時期を誤認したものと思われる。この時期は、醸造に関する監督官庁が税務署ではなかったことも、情報の収集に不正確さが伴ったものと判断される。

だからと言って、山田・詫間が赤ワインを醸造するために野生葡萄の栽培から始めたというパイオニアとしての業績は日本ワイン史に深く刻まれるべきものと思う。

野生葡萄の栽培は技術的蓄積がないとなかなか結実しないようである。(1)

註

1　永田勝也（二〇〇三）『新特産シリーズ　ヤマブドウ　安定栽培の新技術と加工・売り方』

2　葡萄酒と麹

『北山酒経』には麹を使った方法が説かれている。米酒をつくるのか葡萄酒を造るのか判断に苦しむような醸造法である。日本での葡萄酒の製法としては十返舎一九の『手造酒法』が最もくわしい。『手造酒法』の穴をあけて、息の出るようにするということは、麹が醗酵して、ガスが出ている様子が窺える。山ぶどう酒は特に葡萄の種類について触れていないが、エビズル及びヤマブドウと推定されるので、赤の葡萄酒である。

次に明治七年に山田宥教と詫間憲久は、白葡萄酒の場合「液を桶に移し直ちに乾ける麦麹を入る（液の10分の1）」赤葡萄酒の場合は「醸造桶に盛り麦麹を加え（液の10分の1）」としている。こちらは白葡萄酒と赤葡萄酒ともに麦麹を入れている。

大日本山梨葡萄酒会社については、湯澤規子氏論文[1]に「葡萄酒醸造薬味及白酒糀代」六八・一〇七円が明治十二年度から十三年度に計上されているが、この「白酒糀代」は「白砂糖代」を誤読したもので、大日本山梨葡萄酒会社は「糀」は使用していない。

山田・詫間の醸造所を受け継いだ山梨県勧業試験場付属葡萄酒醸造所は、麹についてはどうであろうか。詫間憲久の要請に応じて、醸造法を指導した大藤松五郎の方法は明治十年の内国勧業博覧会に詫間憲久が出品した葡萄酒ほかにその製法が書かれている。そこには、麹に関する記述は一切ない。また、勧業試験場は日本酒も生産していたので、麹が身近な存在であったが、葡萄酒に関しては麹を利用した形跡は窺えない。ただ、麹もある程度の有効性があることは、後藤昭二氏が説明している[2]。

註

1 湯澤規子（二〇一三）「山梨県八代郡祝村における葡萄酒会社の設立と展開」『歴史地理学』二六五号

2 後藤昭二（二〇一〇）「コラム『葡萄酒醸造――天然発酵から培養酵母使用へ』『日本微生物資源学会誌』二六巻

3 桂二郎・高野正誠・土屋助次朗の写真

この写真は宮光園資料（M01122）である。原板が再発見され、写真は不鮮明であったが、箱の蓋裏に「桂二一　高野　土屋三名　揃」とある。高野正興家の別の写真と比較すると、明治十三年に浅草で撮影されたものであると推定される。桂が山梨県から農商務省へ転出した折、東京まで二名が送っていった時に撮影されたものと思われる。この三名は明治十一年にフランスで会って、写真の交換して以来交流が続いていた。

図7　三名の写真

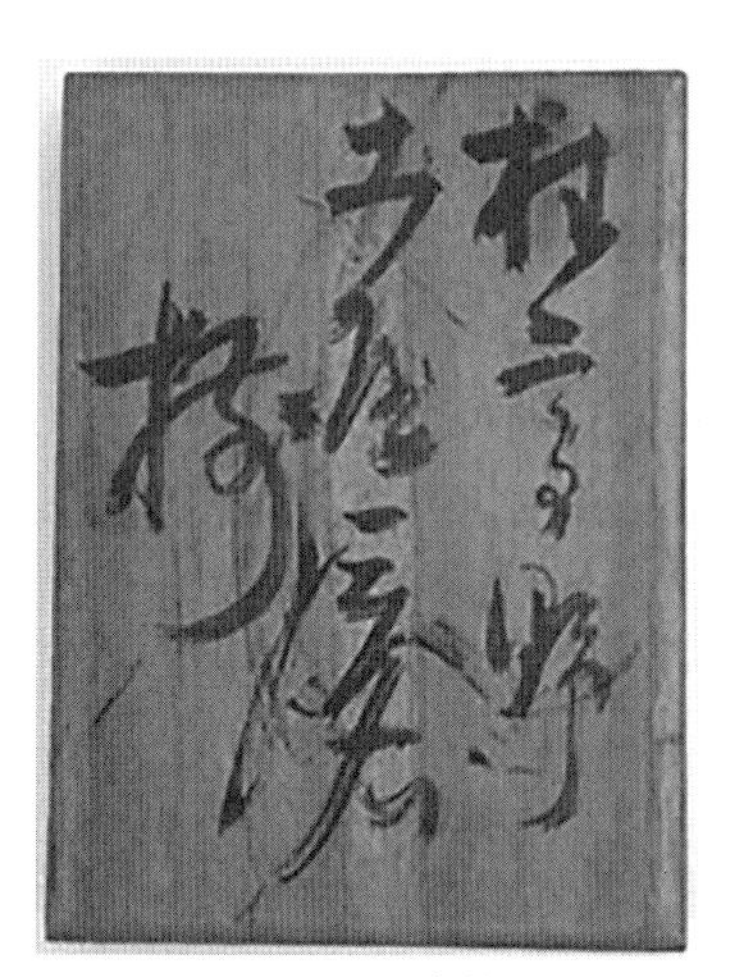

図8　写真箱

4　髙野正誠と土屋助次朗の人間性

二人の人間性を垣間見るには、彼らの著作から僅かに知ることができる。髙野正誠はその名が示す通りの人物であったように思える。ただ『往復記録』に、

Cami Kagē no anata Conatani Miti u lē de tada Vin Vin te Matuhoeno cami

とあり、有木純善先生は「神風の彼方此方に満ちうれど　ただ酒酒と松尾の神」と訳された。『往復記録』は髙野と土屋の両名が書いており、その分離は難しいが、この歌は神官である髙野でなければ書けないと思われる。フランスに滞在中であっても、日本の知識人らしく作詠していたのである。

『葡萄三説』については、別稿に譲るが、これは髙野の一大葡萄園構想のテキストなのである。髙野はフランスで学んだワイナリーのような大規模な葡萄園と醸造所を構想し、これを現代でいうクラウド・ファンディングで資金の調達を開始したが、多くの賛同を得られなかった。神官として思想家の一面を持つ人物であったと思われる。

髙野に比して、土屋は何事にも興味を抱いているようである。『正明要録草稿』の余白に、

予巴里府ヨリ十二月廿八日朝八時ノ蒸汽車ニ乗シテ　トロハ十二時パルト氏ノ家ニ着シタリ其翌日廿九日同第ヲ□徊セシニ表通ナリ裏ハ園ニシ梨子檽梧ノ木而已其

□判読不能文字

木ハ誠ニ我国■庭木ヨリハ大イニ優レリ木ノ高ハ壱丈許又羽翼ニ蔓延スル
壱丈且ハ弐丈許ナリ其形容菱シ且ツ円形ニシテ其翌日ハ卅一日ニテ歳暮故トロハ
ノ市街尤人集多クシテ錐ヲ立ツ間モ無シ其翌日ハ新年ニ而市中モ
大イニ穏カナリ（ヲダヤカナリ）此朝ハ人民皆床処長休ナリ
余輩等巴里ヲ出ズル今夜曲馬ヲ見タリ其家ハ尤モ広クシテ背程ナル
高シ人毎ニ椅子ニヨリ曲馬ヲ見タリ之レニ入ラハ二三千人ヲ入ル可ク其家
天井ハ硝子ニシテ四面皆燈ナリ曲馬ノ名ナルハ先十二疋ノ馬ヲ出シ馬頭
壱人其内ニ有鞭ヲ持テ之レヲ指揮スルハ馬人ノ如ク芸技ヲ為セリ弁

とあり、曲馬に非常な興味を覚えている。『往復記録』の明治十一年十一月二十七日の記録に、

始メテ欧羅巴
洲ノ曲馬ヲ認ム其美麗ナルコト画ニモ尽シ難シ
実ニ感スルニ耐ヘタリ嗚呼小技ト雖ドモ物ニ接シテ
其ノ情ヲ知ルコト抑一学ノ基礎之レニ知カンヤ
旁想像満々トシテ彼ノ旅宿ニ帰セリ

とあり、この部分はやはり土屋であろう。『帰航船中日記』では九鬼隆一と懇意にしていた。九鬼に頼んで両替をして、髙野に渡している。生真面目な髙野には出来難いことで、フランクな土屋ならではの行動であろう。この日記の中で、

■抹消文字

（四月廿一日）

此日晴ニシテ風無ク尤モ炎熱ナリ午前四時頃シンガポール入口ニ碇泊シ同六時ヨリ再ビ進ミテ同港ニ着スル同八時ナリ此港生木尤モ繁シ且深水ニシテ大舟共陸岸ニ着ス故ニ其便利ナルコト甚タシ午前十一時和蘭人ト共ニ上陸シ市中其他公園地ヲ見ル此ノ内ニハ狌猩（猩猩）其猿（ママ）○鹿（駱駝） 熊鳥鶴鶴其外身体栗ノ毬ノ如キ化物種々鳥獣アリテ一々明瞭ニ挙グルニ遑アラズ此所ヲ出テ茶店ニ於テ麦酒ヲ呑ミヌ此ノ所ヲ出デ市中ヲ遊覧シテ帰船セリ

とある。動物園らしきところを見学して猩猩にいたく感激したと思われ、自らワインラベルに「猩々印」を使用している。勝沼図書館所蔵の「土屋葡萄酒醸造元広告」に図が掲載されている。いかにも好奇心旺盛な土屋らしいワインラベルである。

なお、猩々とはオランウータンのことである。または酒好の怪獣。

図9　猩々印のワインラベル

5　『日本のワインづくり100年の流れ』について

次の図は三楽オーシャン株式会社が昭和五十二年に刊行したパンフレットである。タイトルは「ぶどうの命を生かし続けて今100年―日本のワインづくり100年―」である。一般の観光用パンフレットとして配布されたもので、研究者は殆ど顧みることはなかったが、吉羽和夫氏が一九八三年に刊々堂出版社から出版した『葡萄酒とワインの博物館』に掲載されていたが、出典が明確ではなかった。実に綿密な系統図であり、感心していたところ、ある時倉庫の中に埋もれていたものを発見した。そこで、メルシャンの社員の方々にお話を聞いたところ、麻井宇介さんが作ったものだろうとのお話であった。麻井宇介氏ならと納得のいくものであった。

作成以来四十年以上も経過しているので、修正が必要である。まず、「詫間憲久・山田宥教日本のワインづくりを志す」の年代は「明7」と挿入したい。『大日本洋酒罐詰沿革史』（大正四年）では明治三、四年にワイン醸造を開始したと唱えるが、これはすでに麻井氏が「全くの巷説」と看破しているところである。

また、影響関係については、難しいところもあるが、髙野・土屋のフランスでの実習日誌等は県庁へも提出されているので、明治十一年のところから点線で「山梨にワイン振興のための勧業場設立さる」まで伸びるが、大藤松五郎がこの影響を受けたとは思われない。また、明治二十五年には川上善兵衛が土屋龍憲及び髙野正誠の下で、葡萄栽培・葡萄酒醸造を学んでいるので、ここは点線矢印を付したい。

甲斐産商店からメルシャン株式会社への変遷、牛久シャトーや他の会社の変遷も図化や説明が複雑になり、なかなか調査が行き届かないところがある。この系統図に付け加えを試みているところである。なお、麻井氏は現在のメルシャンワイン資料館の年代も新しい資料によって修正を加えている。

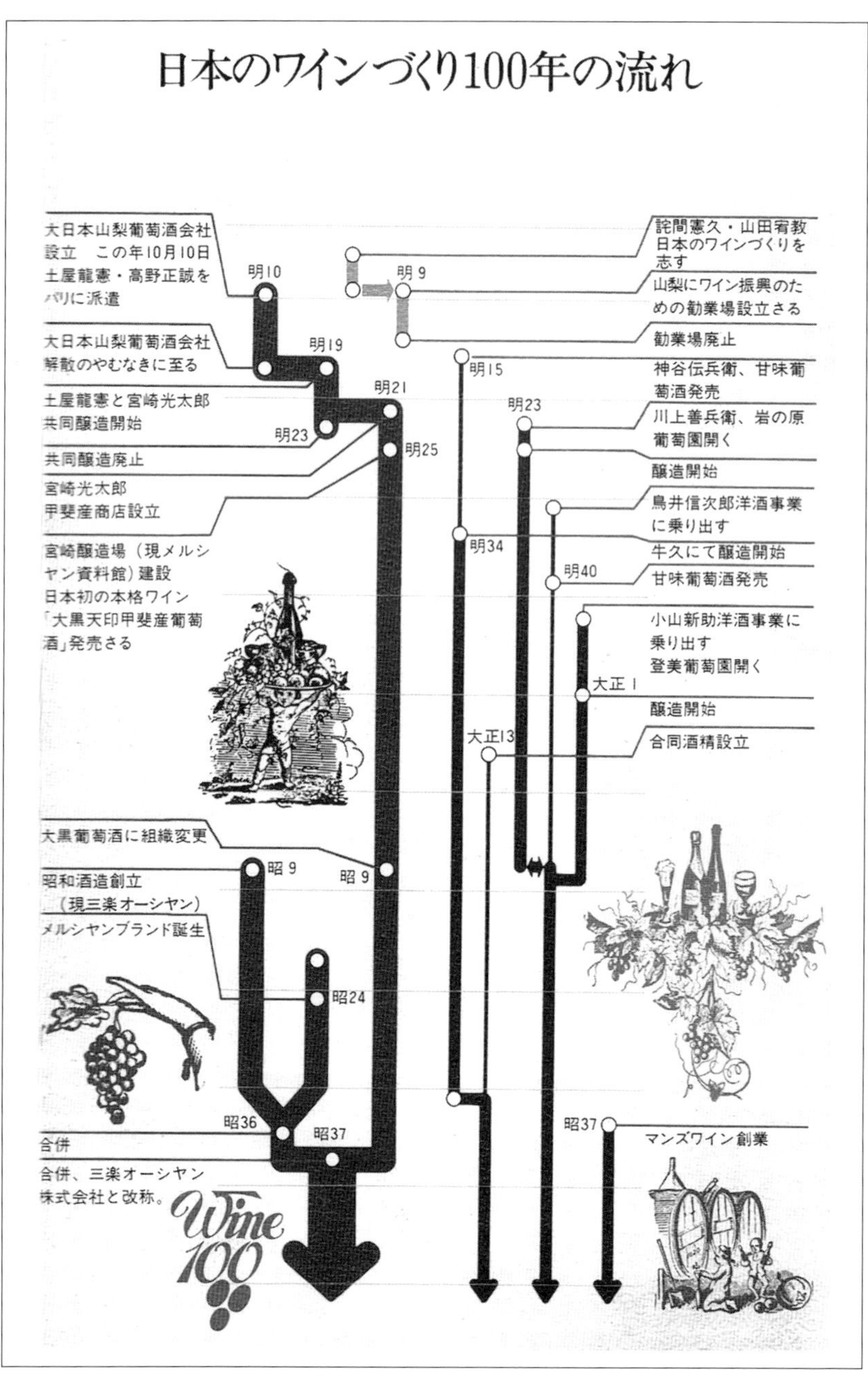

図10　日本のワインづくり100年の流れ

6　甲州産蚕種

甲州市で蚕と言えばケカチ遺跡の和歌刻書土器が思い出される。平成二十七年から二十八年の調査で出土した和歌刻書土器である。時代は十世紀中葉に位置するという。「われにより　おもひくるらん　しけいとのあはすやみなは　ふくるはかりそ」と仮名で刻書されていたのである。「しけいと」とは繭の外側の糸を用いた撚り合わせない糸のことをいう。しかもこの「しけいと」が和歌に詠まれた例としては日本最古であるという。

そして平成二十七年五月二十五日の『山梨日日新聞』に「仏のシルクの危機甲州産蚕が救う」とセンセーショナルな記事が載った。鴇田章氏がフランスで、蚕種紙を発見したのである。[1] その表に「本場　青龍」裏に「蚕種製造人　甲斐国山梨郡栗原筋　千野村　村田八郎兵衛組　同郡　赤尾村　保坂新造」とあったのである。これはフランスで、微粒子病のため蚕が絶滅し、フランス政府は徳川幕府に蚕種の提供を要請し、元治二年（一八六五）に蚕種を送ったものの蚕種紙であった。大方のことは知っていたが、まさか実物資料が残されていたのは驚きであった。しかも１５００枚も送っている中に、甲州市由来のものが残されていたのであった。

飯田文彌氏[2]の研究によれば、明治十三年の祝村物産表では総金額の７１・６％が養蚕関係を占める。まったくの養蚕地帯である。そこから明治十年にフランスへ旅立った髙野正誠・土屋助次朗の『明治十年全十一年往復記録』に次のような記述がある。８４頁に「当地於テモ慰ニ蚕養為スモ無中ニシモ有ラザルナリ」とある。養蚕地帯出身者らしく、フランスでも気休めに蚕を飼っていたのである。

そうすると、髙野・土屋が飼っていた蚕は、江戸時代千野村と赤尾村で生産された蚕種の子孫の可能性も考えられる。

註

1　鴇田章（二〇一五）『ストッキングは昔、男性貴族のお洒落アイテムだった』

2　飯田文彌（一九八二）『近世甲斐産業経済史の研究』

7 盛田命祺翁

尾張の盛田久左衛門は『盛田命祺翁小傳』によれば、明治十三年に駿遠地方を視察して、甲州に入り葡萄栽培と醸造について知見を得ている。ここで葡萄栽培と醸造を決意している。

『出入帳』（歴００２５）によれば、「明治十三年七月十四日　尾張国　入金拾円七拾壱銭　盛田久左衛門　払代　同　入金拾五銭　同人　同断　詰費」とある。また、同様な記述は『明治十三年日誌』（歴０４９７）にあり、十七日は盛田弥吉と盛田治平が訪れ、器械類を髙野正誠の案内で見学している。

鈴渓資料館の盛田家文書目録XⅦｃ－１６には、「官林御払下願」に山梨県勧業課に人を派遣することと、「願」に盛田治平が自費を以て、山梨県勧業課への入塾願を県令に出した控が収録[1]されている。

麻井宇介氏が『明治前期愛知県農史』から植付の指導を岩崎吉之助が行ったと指摘している。彼こそは、長野県出身で山梨県勧業試験場付属葡萄醸造所で葡萄栽培と醸造技術を習得して卒業した人物[2]である。

前述の盛田治平も岩崎吉之助と同じように、山梨県勧業試験場付属葡萄酒造醸造所での伝習を希望したのである。伝習生については、前述しているが、盛田治平のように地元にしか記録がないものも多数あるのではないかと思われる。

このことから、明治十三年七月九日に、翁はまず甲府の勧業試験場をつぶさに見学し、大藤松五郎に面会して、十一日に高原乾燥の地が葡萄栽培に適しているというアドバイスを受け、葡萄栽培を決意しているようである[3]。以後、大藤松五郎を師と仰ぎ、交信が続いている。他に山梨県関係では苗の購入等で内藤伝右衛門、髙野積成と連絡を取っている。

またこの時に岩崎吉之助[4]をスカウトしたのではないかと思われる。翁は、明治十八年に醸造所の建設について、大藤松五郎の招聘を計ったところで、フィロキセラの為に葡萄園が壊滅したという悲劇に出合い、計画を断念している。

今、勝沼でシャンモリワイナリーを見るとき、翁の執念を思う。

註

1　盛田家文書目録による。これはインターネットで公開されている。
2　山梨県（一八八〇）『山梨県勧業報告』第貳号、明治十三年二月三日発行
　山梨県（一八八〇）『山梨県勧業報告』第十三号、明治十三年十月十五日発行
3　天涯文化財団　第2回知多半島歴史文化研究発表会　二〇二一年九月十七日　YouTubeにて視聴可能。
4　岩崎吉之助は麻井宇介氏がその著書で不明としていた人物である。盛田命祺の書簡の中に「山梨県卒業生岩崎義」が見える。

8　二カ所の醸造所

「本場を模擬シ民立醸造所ヲ設立スルモノ二カ所ニ及ビ」は明治十四年四月廿四日付で、山梨県令藤村紫朗から農商務卿西郷従道あてに出した「葡萄酒醸造所払下ケ及資本拝借金弁ニ同事業ニ使用セシ委托金棄損ノ義上申」[1]にある一節である。民立の醸造所と言えば、明治十年設立の大日本山梨葡萄酒会社がまず思い浮かぶ。他の一社は髙野積成が明治十三年に設立願を出すが、これは大日本山梨葡萄酒会社の規則と設立願であったので、他は別会社の東京葡萄酒会社山梨分社の可能性がある。

髙野正興家資料の中に表紙の欠落した『出入帳』[2]があり、一冊は明治十三年三月八日（部分）から始まり、明治十五年四月二十六日までである。欠落部分は明治十二年から始まった可能性がある。その中に明治十五年二月十四日「等々力スイト　一金七拾銭　一壜外ニ焼酎試トシテ買入」とある。実はこれはワインに関する重大な問題を含んでいる。スウイトワインはアメリカ系の醸造所で造られるもので、勧業試験場の大藤松五郎、東京葡萄酒会社の井筒友次郎・北澤友輔らはアメリカで醸造法を学び、一方髙野正誠・土屋助次朗はフランスで伝習したのである。よって髙野・土屋はスウイトワインの製法を知らないのである。それ故、試しとしてスウイトワインを買入れたのである。彼らは、勧業試験場からも同様に買入れている。

つまり、二カ所の醸造所は祝村の大日本山梨葡萄酒会社の醸造所（現在の通称龍憲セラーの駐車場）と等々力村の東京葡萄酒会社山梨分社[3]の醸造所（等々力の金丸征四郎宅、諏訪神社近接地）を指すのである。

註

1　明治十六年の「山梨県葡萄酒醸造所払下之義伺」の一連の文章の中にある県令藤村紫朗から農商務卿西郷従道あての書簡　国立公文書館

2　髙野正興家資料　甲州市教育委員会で解読している。

3　東京葡萄酒会社は社長が村瀬十駕で、設立幹事が前田正名・萩原友賢で、地元幹事が十数名である。上野晴朗氏と麻井宇介氏も少し触れている。甲州市塩山中萩原の現在ゴルフ場のところを葡萄園に分社の拠点を等々力の金丸征四郎宅に置いたようである。設立幹事の萩原友賢は勝沼町等々力の出身の政府高官であるが、明治十四年の政変で失脚し、以後資料がない。

9 龍憲セラーについて

勝沼町下岩崎に所在する国登録有形文化財「葡萄酒貯蔵庫（龍憲セラー）」は龍憲セラーと愛称され親しまれており、文化財の案内や観光パンフレットで「龍憲セラー」で通用している。この登録有形文化財の詳しい説明は、『山梨県の近代化遺産』[1]にあり、表題が「葡萄酒貯蔵庫（龍憲セラー）」とある。次に文化庁記念物課編の『近代遺跡調査報告書[2]―軽工業―』の二つが基本的な文献である。後者の中に「天井部は当初、直径20㎝の土管をレンガ壁体と同時に積み込んだ換気孔が2箇所あり、大正改修に際し、レンガ壁体を抉り貫き、その上部に直径30㎝の土管を設置した6箇所の換気孔が増設されている。」とある。建設時にすでに2カ所の換気孔があり、その後大正十四年の改修の折、増設して6カ所の換気孔になったということである。さすれば、葡萄酒貯蔵庫としても、当初から換気孔があったことになる。奥壁部に大きい窓が設置されているのも違和感がある。

そもそもセラーの天井に通気孔があることは考え難い。少なくとも大正十四年の改修時以降は葡萄貯蔵庫であり、付近に類似施設が多数ある。くらむぼんワインは、葡萄貯蔵庫をセラーに改造したとき、天井の通気孔を塞いでいる。

川上善兵衛は『葡萄全書』下篇[3]128頁で「蓋し普通の換気には窗を開けは足るも空気より比重が約二倍なる炭酸瓦斯は、之を窖室の下底より排出せざる可からず。即ち地下室の場合には、窖室の下底に通気溝を設備するを可とする。」と述べている。つまりセラーは床辺にガス排出坑が必要と述べている。川上善兵衛は、宮崎葡萄酒醸造所を見て「東八代郡祝村宮崎光太郎氏の貯蔵庫にも大なる土蔵の下底を掘鑿して貯蔵に宛ててるを見たり」としている。ここでは床からガス排出孔が北の河岸段丘崖まで延びており、これこそ真のセラーなのである。

龍憲セラーがセラーであるならば、川上が見逃すはずはない。土屋家の伝えでは明治二十五年、年譜では二十年に土屋助次朗（龍憲）のもとで、葡萄栽培と葡萄酒醸造を学んでおり、大日本山梨葡萄酒会社の跡地を見ていたはずであるが、何も触れていない。また、大日本山梨葡萄酒会社の醸造所の建物配置図（歴0453）には、セラーは記述されていない。

川上は髙野・土屋はもとより、松本三良とも交流があり、川上が下岩崎を訪れた折には、地元の葡萄栽培家、葡萄酒醸造家がこぞって歓迎している。であるから、龍憲セラーがセラーであるならば川上が見逃すはずはないのである。

註

1　山梨県教育委員会（一九九七）『山梨県の近代化遺産』

2　文化庁（二〇一四）『近代遺跡調査報告書―軽工業―』第一分冊（紡績・製糸・その他繊維工業・食品）分担執筆、室伏徹「4―13　竜憲セラー・旧甲州園」

3　川上善兵衛（一九三二）『葡萄全書』下篇

10　一升ビンワインについて

『寶酒造株式會社三十年史』(1)では昭和九年に宝酒造株式会社の大宮専務が「一升詰の徳用壜」を売り出して業績が回復したとある。

大黒葡萄酒株式會社經營　葡萄酒界に古い傳統をもつ大黒葡萄酒は、蜂印、赤玉とならんで名聲があり、宮内省御用達の侮を許されているものであるが、大正九年、昭和二年の恐慌、うちつゞく不況のため經營不振に陥り、その救済のため種々の方法が試みられたが、いずれも不成功に終った。ついに九年四月、同社の經營をわが社で擔當することゝなって、大宮常務はその專務取締役に就任、のちその社長となって經營の立直しに當った。まず役員の刷新を行って陣容を整え、販売には積極策をとり、また一升詰の徳用壜を發賣するなど新規軸を試みた結果、業績は忽ち向上して工場の新設、増設、資本金の増額など数年を出でずして事業はかえって拡大するに至った。

図11　大東京酒類新聞部分

また、『大東京酒類新聞』(2)に掲載された甲州園の昭和七年の広告には既に一升壜詰の商品がある。おそらく、この峡東地域のワイン会社は昭和大恐慌の中で、ワインの売り上げを図るべく、同様な試みをしたに違いないが、筆者が発見した資料はこの二点である。

註

1　寶酒造株式会社(一九五八)『寶酒造株式會社三十年史』62頁

2　甲州園(一九三二)『大東京酒類新聞』

11

日清製油株式会社と株式会社日本連抽化工研究所

宮光園主松本三良の弟松本五郎は、葡萄酒の搾り滓から酒石酸の連続抽出を計画した。宮光園資料M03592は、尼崎市参九六ノ六の「株式会社日本連抽化工研究所」の資料で工場配置図である。この会社は昭和十九年六月十五日に登記した（株式会社日本連抽化工研究所、大阪市西淀川区佃町四丁目四十五番）。そこには、昭和十九年五月十七日に株式会社日本連抽化工研究所社長印と尼崎市長の印鑑証明印が捺された尼崎市次屋三九六番の二、株式会社日本連抽化工研究所代表取締役松本三良の付箋がつけられ、会社を代表すべき取締役として松本五郎の名があり、監査役二名の名がある。続いて株式名簿が添付され、三〇〇〇株十名の株主の名がある（M20206－5）。

松本五郎は東京大学で学んだ科学者で、米糠用ノ連続式油機（出願昭和十七年九月十六日、公告昭和十八年四月二十三日、特許昭和十八年八月二十五日）、「タンニン」ノ抽出法（出願昭和十七年二月三日、公告昭和十八年六月十九日）、葡萄酒の搾り滓から酒石酸を連続抽出する特許（出願昭和十八年九月二十二日、特許昭和十九年八月十八日　発明者松本三良　特許権者松本五郎）などを得ている。また、昭和十八年九月二十二日付で、特許で得る権利を兄松本三良は弟五郎に譲渡している。

昭和十九年七月十七日、内閣総理大臣東條英樹は株式会社日本連抽化工研究所社長の松本三良に「連続抽出機により酒石酸塩ノ製造」に関する研究を委嘱している。

酒石酸は水中聴音機には欠かせない物質で、また海水の淡水化にも利用される、陸海軍ともに必需品で、輸入は途絶えて国産化が急がれていた。

軍は日清製油株式会社に葡萄の種からフィーゼル油を抽出する目的で、山梨県東八代郡祝村に工場を造るよう要請した（町誌）。フィーゼル油は失敗してすぐに酒石酸の生産計画に移ったと思われる。当時産業設備営団の総裁をしていたのが塩山町（甲州市）出身の広瀬久忠であったので、彼が誘致した可能性が大きい。昭和十九年九月五日株式会社日本連抽化工研究所の社長松本三良は下岩崎一七〇〇番地の土地建物電源等すべてを日清製油株式会社取締役社長松下外次郎あてに差入証を出している。

なぜ、酒石酸の生産に日清製油株式会社が関与して行ったのかは、産業設備営団としては、株式会社日本連抽化工研究所のような経営規模の小さな個人的会社には、融資することが出来なかったということだろう（上野昇氏教示）[1]。産業設備営団への申請書は、株式会社日本連抽化工研究所の計画案に上書きして日清製油株式会社が出したもので、その都度松本三良へも写しを送付している。

酒石酸の連続抽出技術と特許は、株式会社日本連抽化工研究所が持っており、資金や工場は日清製油株式会社が有していたように思える。それ故に、酒石酸生産工場が戦後すぐに日清製油株式会社に移り、昭和二十四年日清醸造株式会社になったのである。

『三楽50年史』[2]には、昭和十九年「日本連抽株式会社」が設立され、その取締役に日清製油株式会社長松下外次郎が就任していたことから、後に同社が日本連抽株式会社を買収したとある。ただし、昭和十九年五月十八日付の「山梨連抽株式会社」の定款はあり、松下外次郎の名も見えるが、「日本連抽株式会社」が設立された事実は確認できない。因みに昭和十九年六月十六日付の当座小切手には「株式会社日本連抽化工研究所　取締役社長松本三良」とある。

註

1　「日清製油株式会社について」メルシャンワイン資料館長上野昇氏の解説文による。

2
三楽株式会社（一九八六）『三楽50年史』は株式会社日本連抽化工研究所を日本連抽株式会社と誤認した可能性がある。『三楽50年史』の坂口謹一郎氏の序文「三楽株式会社と研究の思い出」のなかにも「……山梨県勝沼町の宮崎光太郎と結んで新たな会社を作り、……」とあるが、新たな会社の名称を確定できない。宮崎光太郎は松本三良であろう。
※川上行蔵著　小出昌洋編（二〇〇六）『日本料理事物起源』によれば、昭和十六年開戦されるや、研究体制は軍の受託研究へと赴き、その一つに、ロシェル塩マイク部品の必需品として酒石酸生産を緊急課題としたという。そのために（川上行蔵）博士は満州全土に無尽蔵に野生する山葡萄の葉から酒石酸製造を着想し、製造に成功する。（）内は補足。

12 ワインラベル

筆者はかつて「日本最古のワインラベル」と題する刺激的タイトルの小論[1]を書いたことがある。というのは刺激的な表題に対して、すぐ反論が出てくることを期待したからである。一九七七年に浅田勝美氏が降矢醸造場のワインラベルが日本最古のラベル[2]として紹介している。これが明治十八年のものであるから、大日本山梨葡萄酒会社のワインラベルは、少なくとも明治十四年であろうから、日本最古になるわけである。

大日本山梨葡萄酒会社のワインラベルは山梨県立博物館の葡萄酒会社関係資料一括のなかの『株券状』(歴０９０５)の袋の中にあった。そのワインラベルは４枚あり、白葡萄酒１枚がデザイン違い、赤葡萄酒２枚と白葡萄酒１枚が同じデザインである。

赤葡萄酒　①横１１・９０cm　縦９・７０cm　②横１１・９０cm　縦９・８０cm
白葡萄酒　③横１１・６０cm　縦９・８０cm　④横１１・８５cm　縦９・６０cm

赤葡萄酒に印刷された文字は「大日本」「山梨県管下中斐国物産」「東八代郡祝邨葡萄酒会社」、真ん中に「赤葡萄酒」と「白葡萄酒」の区分がされており、赤と白では若干デザインが違うのである。赤ラベルには欄外に「東京々橋区西紺屋町十番地石版会社印行」とある。カラー印刷である。

株券状では会社の名前は大日本山梨葡萄酒会社とあるが、このラベルにはその名称は使用されず、東八代郡祝邨葡萄酒会社という文字が見られる。これが通称祝村葡萄酒会社と呼ばれる元となったものであろう。

明治七年に山田宥教と詫間憲久が賣鬻品とした時も、また明治十年の内国勧業博覧会に詫間憲久と勧業試験場が出品した時もワインラベルはあったはずである。同時期のミツウロコビールは現物が保存されている。これらの資料が発見されれば、筆者の考えはすぐに否定されることを期待していた。
ほどなくして、山梨県立博物館で「葡萄と葡萄酒」展が開催され、田中芳男の『捃拾帖』(3) に山梨県勧業試験場のワインラベルが紹介されたのである。白葡萄酒からビットルスまで全く同じで、白葡萄酒1枚は全くデザインが異なるものである。

白葡萄酒　　横10・3cm　縦8・9cm
ス井イトワイン　横10・5cm　縦9・3cm
ビットルス　　横10・2cm　縦9・0cm
白葡萄酒　　横10・0cm　縦14・0cm

今後の課題は山田宥教と詫間憲久のワインラベルの探索である。

註

1　拙稿（二〇一六）「日本最古のワインラベル」『甲斐』第一三八号
2　ヒュー・ジョンソン、日高達太郎訳（一九七七）『ワイン全書』付録。浅田勝美（一九七七）『日本のワイン』
3　田中芳男の『捃拾帖』は東京大学総合図書館の電子展示『捃拾帖』で1から15帖が容易に見ることができる。画像もここからダウンロードした。このワインラベルは色の重ねがズレており、木版印刷の可能性がある。

図12　大日本山梨葡萄酒会社のワインラベル

図13　山梨県勧業試験場付属葡萄酒醸造所のワインラベル

13　日本ワイン発祥の地

ワイン発祥の地は甲府市ですよね！　というお電話をいただくことがある。どこかの元祖〇〇、〇〇本家というような話題と同等に扱われている。

ワインをひとくくりにすれば、明治七年に山田宥教と詫間憲久が醸造したという記事が『甲府新聞』にあり、たしかに醗酵をしている記録でありワインに違いない。ただ注目すべきは麦麹を投入している点である。これは中国古来の製法以来の「日本制葡萄酒」[1]製法の伝統を受け継いだものである。

しかも、津田仙によれば、勝沼産の葡萄と近傍で培養したる大エビを使っての醸造である。ただ、彼らが栽培を始めた大エビと山エビではあまりに糖分が少なく、「賣鬻品」になり得たか疑問があるが、そのパイオニアとしての地位は不動のものである。ただこうした事例は日本全国にいくつも埋もれている可能性がある。

次に大藤松五郎の醸造法は明治十年の第一回内国勧業博覧会に詫間憲久が出品した葡萄酒、スウイトワイン、ビタアスワイン、ブランデーにその製法の記録がある。この醸造は明治九年のことである。よって、甲府では、明治七年に引き続き明治九年に葡萄酒醸造が開始されたのである。最近大藤松五郎のご子孫が情報をネットで公開している。大工として会津コロニーの一員として渡米したようである。高橋是清や小澤善平の日記などから、波米した多くの日本人は肉体労働に従事しながらも、その勤勉さと学習能力の高さから、順次キャリアアップしていった様子が窺える。おそらく大藤の場合も様々な職業を経験する中で、知識と技術とノウハウを高めていったと推定される、ただ葡萄酒醸造を習得するための渡米であったとは確証できない。

甲府城跡から発見された葡萄酒醸造所の地中梁の構造を見れば、大工であった大藤松五郎の指導があったものと推定されるが、彼が約八年間どのような環境で葡萄酒醸造に関する技術を習得したかは未だ不明である。と言うのも大藤の場合、山梨県に提出した履歴書以外に彼自身の著作は皆無であり、何らかの手紙等の存在もない。ただ、盛田命祺の伝記の中に、[2]大藤のことばが記録されており、葡萄栽培に精通していた様相が窺える。

また、大藤の弟子である山梨県勧業試験場の伝習生[3]のうち高知県に帰った千屋孝忠、長崎県出身で静岡県に就職した陣屋信三、盛田葡萄園の指導にあたった長野県出身の岩崎吉之助等の業績が継続されることはなかった。東京府の中村仙之助、長崎県の深江達吉については、現在その後の活動が不明である。大藤自身も勧業試験場が閉鎖になり、英語教師となったところで退職を迫られている。つまり、大藤の技術は絶滅して、後の時代に継承されることはなかった。

大藤と同じころ、アメリカで学んだ小澤善平は、明治五〜六年ころ、仏人スラム氏について葡萄の栽培醸造法[4]を学ぶとある。しかし、彼が渡米当初から葡萄栽培と葡萄酒醸造を志していたかは確認できないが、幕末に地元で（勝沼町綿塚か）で醸造を試みているので、なんらかの関心はあったことは想像できる。彼はこの経験から撰種園において米国産葡萄苗の輸入を手掛ける。井筒友次郎[5]の場合も葡萄苗の輸入に奔走（東京葡萄酒会社）しているようである。山梨県勧業試験場にいた桂二郎もドイツからの葡萄苗の輸入をしている。

さて、甲州市の場合も、日本ワイン発祥の地と宣伝している。これは明治政府の強い働きかけの中、地元の人々が葡萄酒醸造会社を作って、二人の青年をフランスに派遣し、明治十二年に帰国して、醸造を開始した年をいう。山田・詫間の醸造開始から五年後のことである。

なぜ、この年をもって日本ワイン発祥の地というかと言えば、葡萄栽培、ワイン醸造法を高い目的意識と使命感の下、当時最も盛んであったフランスで学んだからである。それは不退転の決意[6]であった。そしてフランス滞在中から地元と交信をしながら、お互いに知識を高め合っていたのである。まずトロワでバルテー氏の指導を受け、モングーでデュポン氏の下醸造法を学び、ヲリーコー兄弟の麦酒製造を修業し、シャンパンはヲレモンデー氏の製造法を学んでいる。[7]

ここで、留意すべきは小澤善平、大藤松五郎、井筒友次郎のいずれも、アメリカで葡萄栽培とワイン醸造を学んだ人々であり、髙野正誠・土屋助次朗はフランスで学んだのである。

帰国後の明治十二年の醸造開始から、二人の青年の技術は地元に定着して、絶えることなく、現在まで継承されている。前田正名は二人に対して、「我帝国ノ葡萄酒ノ原礎タリトゾ」と言い、有木純善先生はいみじくも「日本正統派ワイン」と解説されたのである。明治十二年を契機として葡萄栽培・ワイン醸造に向かったベクトルは、戦争や大不況を耐え抜いて、途絶えることも、方向転換することもなく、突き進んでいる。

いつ？　どこで？　誰が？　誰から？　葡萄栽培とワイン醸造を学んだかが歴史的に明々白々である故に、「日本ワイン発祥地」と「継承の地」になったのである。

註

1　「日本制葡萄酒」とは、参勤交代で帰国中の尾張守に老中が送った樽に墨書されていたものであるが、江戸時代の葡萄酒を端的に表現している。詳しい製法は十返舎一九の『手作酒法』にある。

2　溝口幹（一九一六）『盛田命祺翁小傳』

3　山梨県（一八七九）『山梨県勧業報告』第一号、明治十二年一月五日発行
　山梨県（一八八〇）『山梨県勧業報告』第貳号、明治十三年一月三日発行

4　足立元三（一九九七）「文明開化の旗手・小澤善平の生涯」『甲斐路』八七号

5　『葡萄酒会社　結社項目規則』（一八七九）のなかの『葡萄園開設醸造結社之践』

6　髙野正誠・土屋助次朗（一八七七）『盟約書』『誓約書』

7　土屋正明（一八七七）『葡萄栽培幷葡萄酒醸造範本』これは『勝沼町史料集成』に収録されているが、甲州市教育委員会でも解読した。

おわりに

子供のころから歴史が好きで、土器を集めていたことから、大学で考古学を学んだ。よく両親も許してくれたと自分が親になってから想った。

大学の最初から「実証主義」という意味も理解できないことを強く指導された。今もって理解しているかは心もとないが、資料を大切にして、歴史を紐解いていくことであると思う。考古学はどんな小さな土器、何ともないような石ころも観察してヒトの痕跡を探す仕事であるので、それを実践してきたように思う。

若い頃は、我々は先史考古学を学ぶので、「史」はあまり関係ないと古文書の授業はスルーしていた。それが退職後に原罪のように覆いかぶさってきている。必要に迫られて解読を試みているが、まったく五割にも満たない。また、基本的に明治前期の経済史というものをほとんど理解していない。研究の根本的なところを学んでいないまま、資料から会社の実態に迫ったものである。

しかしながら、甲州市の地元（方言でオイッツキ）の者が、地元の会社についてまとめるのも意味あることだろうと自ら納得させている。若い研究者が出てくることを願うばかりである。書名は麻井宇介氏の名著に倣ったが、少しでも近づけただろうか。

最後に、ワインについてご教示をいただいている上野昇氏、古文書の相談にのっていただいている荒木幹雄氏、早川俊子氏、荒川宏枝氏、西海真紀氏に感謝申し上げる。

小野　正文（おの　まさふみ）

1950年４月13日、山梨県甲州市塩山中萩原生まれ（殿林遺跡・重郎原遺跡・安道寺遺跡の近く）。

國學院大學文学部史学科卒業。

1979年、山梨県教育委員会文化課に採用。県埋蔵文化財センター、県学術文化財課、釈迦堂遺跡博物館、山梨県立考古博物館、山梨県立博物館を経て、2011年山梨県埋蔵文化財センター所長で退職。同年より甲州市教育委員会生涯学習課文化財指導監、2014年から信玄公宝物館館長。

【研究歴】「縄文時代における猪飼養問題」『甲府盆地 — その歴史と地域性 —』雄山閣（1984）
「武田不動尊と七周忌陸座法語」『甲斐の中世史』（2023）など
監修『縄文美術館』平凡社（2013）
編集『明治十年仝十一年往復記録』ワイン文化日本遺産協議会・甲州市（2021）

大日本山梨葡萄酒会社論攷

2025年５月11日　初版第１刷発行

著　　者　小野正文
発 行 者　中田典昭
発 行 所　東京図書出版
発行発売　株式会社 リフレ出版
〒112-0001　東京都文京区白山 5-4-1-2F
電話（03）6772-7906　FAX 0120-41-8080
印　　刷　株式会社 ブレイン

ISBN978-4-86641-835-3 C0021
Printed in Japan 2025